青麦仁及其制品加工技术

主编　张康逸

U0176115

郑州大学出版社

郑州

图书在版编目(CIP)数据

青麦仁及其制品加工技术 / 张康逸主编. — 郑州：郑州大学出版社，2020.12

ISBN 978-7-5645-7306-5

Ⅰ.①青…　Ⅱ.①张…　Ⅲ.①麦类作物 - 食品加工　Ⅳ.①TS211.4

中国版本图书馆 CIP 数据核字(2020)第 183044 号

青麦仁及其制品加工技术
QINGMAIREN JIQI ZHIPIN JIAGONG JISHU

策划编辑	袁翠红	封面设计	张　庆
责任编辑	杨飞飞	版式设计	叶　紫
责任校对	崔　勇	责任监制	凌　青　李瑞卿

出版发行	郑州大学出版社有限公司	地　址	郑州市大学路 40 号(450052)
出版人	孙保营	网　址	http://www.zzup.cn
经　销	全国新华书店	发行电话	0371-66966070
印　刷	郑州宁昌印务有限公司		
开　本	787 mm×1 092 mm　1 / 16		
印　张	11.5	字　数	275 千字
版　次	2020 年 12 月第 1 版	印　次	2020 年 12 月第 1 次印刷

书　号	ISBN 978-7-5645-7306-5	定　价	49.00 元

本书如有印装质量问题,请与本社联系调换。

编委名单

主　编　张康逸

副主编　康志敏　温青玉　张　灿

　　　　高玲玲　谢安国

参　编　罗登林　王宇飞　董彩虹

　　　　崔亚鹏　王燕芳　杨淑祯

前　言

　　青麦仁是用已经生长饱满但未成熟的小麦粒速冻而成的食品,色泽碧绿,口味独特,营养丰富。青麦仁制品历史最悠久的产品是青麦捻转,青麦仁制品的发展历史也可以说是捻转发展的历史。古时农业技术落后,土地产量不高,农户一年四季在地头忙活,粮食却收获不多,还没到收获季节就会断了余粮,为了充饥,只得提前把未成熟的麦子割回家,制成捻转食品食用。捻转食品也因其口感鲜美、绿色健康一直流传至今。青麦仁制品是一类全谷物食品,随着科学技术和社会的发展,人们对全谷物食品营养保健功能的认识不断深入,青麦仁食品越来越受到人们的喜爱。

　　目前,我国青麦仁产品开发类型单一,加工程度较低。开发青麦仁特色食品,探索青麦仁产品加工增值途径对促进我国青麦仁行业发展具有重要意义。本书参考了国内外的相关研究资料,总结了相关学者对青麦仁食品的加工研究和开发成果,并结合编者及其科研团队的研究工作,阐述了青麦仁的基本成分及测定方法。本书不但介绍了以青麦仁为原料的初加工食品、传统食品、即食青麦仁制品、蒸煮类主食制品、焙烤类主食制品、休闲类制品、饮品等不同类型产品的开发技术,还讨论了青麦仁制品的加工工艺优化操作、品质测定方法、生产加工执行法规与参考标准。

　　本书的出版,为谷物营养品质分析和食品开发增加了一本有科学参考意义的论著,对人们深入了解和普及青麦仁的营养价值和保健价值知识将发挥积极作用,对推动青麦仁营养评价和食品开发具有一定的指导意义。本书可作为鲜食谷物食品开发研究的科研人员、管理人员以及食品类专业师生的参考用书。

　　青麦仁的营养品质和制品加工受到品种、栽培、加工工艺、消费市场等产业链条影响,涉及内容广泛,仍有许多问题尚待解决。

　　由于编者水平有限,书中不足之处在所难免,敬请广大读者指正。

编者

2020 年 10 月

目　录

第一章　绪　论 ………………………………………………………………………（1）
　　第一节　青麦仁及其制品加工技术现状 ……………………………………………（1）
　　第二节　青麦仁及其制品开发新技术存在的问题与解决的对策 ……………………（3）
　　第三节　青麦仁及其制品开发的意义 ………………………………………………（4）
第二章　青麦仁的营养价值及功能特性 …………………………………………………（5）
　　第一节　青麦仁的营养成分及测定方法 ……………………………………………（5）
　　第二节　青麦仁的功能性成分及测定方法 …………………………………………（14）
　　第三节　青麦仁的风味物质与感官分析 ……………………………………………（24）
第三章　青麦仁和青麦仁粉的加工工艺与设备 …………………………………………（29）
　　第一节　青麦仁的加工工艺与设备 …………………………………………………（29）
　　第二节　青麦仁粉的加工工艺与设备 ………………………………………………（38）
第四章　青麦仁功能组分的分离提取 ……………………………………………………（47）
　　第一节　青麦仁淀粉的制备 …………………………………………………………（47）
　　第二节　青麦仁蛋白的制备 …………………………………………………………（49）
　　第三节　青麦仁中膳食纤维的分离提取 ……………………………………………（54）
　　第四节　青麦仁中阿魏酸的分离提取 ………………………………………………（57）
第五章　即食青麦仁制品的制作工艺 ……………………………………………………（58）
　　第一节　捻转的制作工艺及综合品质分析 …………………………………………（58）
　　第二节　"养生三宝"的制作工艺 …………………………………………………（74）
　　第三节　青麦仁预制菜肴的制作工艺 ………………………………………………（75）
第六章　青麦仁蒸煮类主食制品的制作工艺 ……………………………………………（82）
　　第一节　青麦仁馒头的制作工艺 ……………………………………………………（82）
　　第二节　青麦仁面条的制作工艺 ……………………………………………………（85）
　　第三节　青麦仁粽子的制作工艺 ……………………………………………………（96）
　　第四节　青麦仁水饺的制作工艺 ……………………………………………………（98）
　　第五节　青麦仁八宝粥的制作工艺 …………………………………………………（100）

第七章　青麦仁焙烤类主食制品的制作工艺 ················· （103）
　　第一节　青麦仁面包的制作工艺 ················· （103）
　　第二节　青麦仁饼干的制作工艺 ················· （119）
　　第三节　青麦仁月饼的制作工艺 ················· （134）

第八章　青麦仁休闲类制品的制作工艺 ················· （137）
　　第一节　青麦仁肠的制作工艺 ················· （137）
　　第二节　青麦仁糕的制作工艺 ················· （138）
　　第三节　青麦糯米糕的制作工艺 ················· （140）
　　第四节　青麦仁酥的制作工艺 ················· （146）
　　第五节　青麦仁代餐粉的制作工艺 ················· （147）

第九章　青麦仁饮品的制作工艺 ················· （157）
　　第一节　青麦仁饮料的制作工艺 ················· （157）
　　第二节　青麦仁酒的制作工艺 ················· （164）
　　第三节　青麦仁猕猴桃复合保健饮料的制作工艺 ················· （165）

参考文献 ················· （172）

第一章 绪 论

第一节 青麦仁及其制品加工技术现状

一、青麦仁加工现状

青麦仁是生长饱满、处于乳熟末期的小麦粒,色泽碧绿,口味独特,味道清新爽口。有小麦种植的地方都可以收获青麦仁,青麦仁是一种分布极广、种植区域较大的鲜食全谷物产品。

青麦仁的收割和脱壳主要是通过传统的镰刀收割、人工揉搓完成,产品的破损率高、脱壳率较低、品级较差、麦仁中的汁液容易流失,并且严重限制了其生产规模。利用收割机滚筒改造和复脱器的调节可以解决青麦仁机械化收割难题,利用物理螺旋撞击脱壳技术解决了青麦仁的脱壳问题,提高了产品脱壳率,降低了破损率,真正实现了"青麦仁作坊式的制作加工向机械化生产的转变"。青小麦作为鲜食谷物青麦仁加工原料,采收后还未成熟,酶的生物活性仍较强,呼吸消耗较大,由于失去植株光合产物的供给,只能消耗自身的糖分和有机物,青麦仁的品质在存放过程中迅速下降,表现为口感差、营养价值和清香味消失,失去食用效果。为解决青麦仁产品不宜长期存放和远距离运输的难题,除生产上分期播种、分期采收外,还必须对青麦仁进行保鲜加工处理。

河南省农业科学院农副产品加工研究中心创建了鲜食谷物速冻技术,解决了青麦仁采收后生物活性高、不利于储藏的问题,并研究了青麦仁速冻过程中水分的迁移规律及营养成分水溶性糖的变化规律,为青麦仁的工业化生产奠定了前期的理论基础和数据支撑,并针对目前我国鲜食青麦仁高效加工中存在的机械化收割水平低、青麦仁口感差、脱壳率低、加工中营养损失严重、鲜食产品保质期短、产品附加值低等问题,创建了物理螺旋撞击脱壳技术、中低速离心单滚筒脱水技术、真空充氮烫漂护色技术及鲜食谷物快速冻结技术等以解决鲜食谷物存在的问题。在此背景下,以生产方式连续化,生产效率、效益最大化,操作可控化,产品稳定化为原则,在现有的青麦仁关键工艺优化和加工关键工艺点控制技术开发的基础上,将中试示范线建设,规范、统一的技术操作规范制定进行系统集成,形成青麦仁规模化、规范化生产的技术体系。

二、青麦仁制品加工技术

青麦仁制品是以青麦仁为原料制作的一类食品。青麦仁制品的品种很多,且新的青麦仁制品不断涌现。从青麦仁加工方式上分,有些食品直接采用青麦粒制成,如青麦仁粥、青麦仁粽子、青麦仁肠、青麦仁水饺等;有些食品则是将青麦仁经过初步加工制作而成,如捻转;有些食品则是将青麦仁制作成粉状添加到食品中,如青麦馒头、青麦面条、青麦面包等。另外,还可以将青麦仁制作成饮料。

1.青麦仁粒制品

即将青麦仁粒经过解冻、清洗、沥水、预煮等加工过程,直接添加到制作的食品中,按照制作食品的制作工艺生产的青麦仁制品。它完好地保存了青麦仁的形状、色泽,可直观呈现青麦仁的状态。

(1)速冻青麦仁食品 是将新鲜或煮熟的谷物籽粒置于-41 ℃左右的低温条件下快速冷冻后,保存在-18 ℃的低温条件。由于冻结快速,对细胞造成的损伤较小,可以保证鲜食谷物良好的质地、外观、口感及其独特的香味和营养价值,并在 6~8 个月内保持其原有风味。

(2)速冻青麦仁罐头 由前处理、脱粒、削粒刮浆、调料、装罐密封、杀菌等工序制成,分为整粒罐头和糊状罐头等不同品种。为保证青麦仁罐头具有良好质量,加工时要在其乳熟前期及时采收。在加工中需要注意罐头内容物的配料组成,添加淀粉量为 0.3%~0.6%,并且在内容物预煮糊化时尽可能利用高温(115~125 ℃)、短时间(20~30 min)处理,在杀菌过程中尽可能缩短内容物受热的时间。

(3)真空软包装青麦仁 是市场上近几年来广受消费者欢迎的新型鲜食保鲜产品。它以新鲜青麦仁为原料,用保鲜液浸泡,再经过常压灭菌处理,最后经真空封口、杀菌、冷却等工序制成。生产中选择合适的杀菌条件是最关键的一步,既要达到杀菌的要求,又要最大限度地保持鲜食青麦仁的风味和营养价值。研究发现,常压条件下杀菌的青麦仁的色、香、味均正常,且无胀袋及其他异变现象,有效保持了鲜食青麦仁的风味,并且优于传统的高压灭菌生产的青麦仁。

2.青麦仁加工制品

青麦仁加工制品中历史最悠久的产品是青麦捻转,青麦仁加工制品的发展历史也可以说是捻转发展的历史。捻转是青麦仁经过解冻、清洗、沥水、炒制、石磨碾制加工制成的。制作的捻转为半熟制品,通常人们将其进行炒制加工制成菜肴。

3.青麦仁粉制品

青麦仁粉制品是青麦仁经解冻、清洗、沥水、烘干或冻干或其他干燥方式干燥制作,磨制成粉状,添加到制作食品中,按照制作食品的制作工艺生产的青麦仁制品。这类食品的特点是青麦仁制作成粉,可添加到各类食品中,制作方便,营养添加更便捷。

4.青麦仁饮料

鲜食青麦仁在乳熟期采收,其胚乳中含有较多的水溶性多糖,使得青麦仁口感嫩滑、柔软、香味浓郁,非常适合饮料的开发。由于鲜食青麦仁的含酸量很低,不利于制备果汁饮料,可以考虑用来加工成营养价值很高的特种混合水果原汁或特种混合果汁饮料。在使用时,鲜食青麦仁经削粒刮浆及无菌处理被加工成青麦仁原浆。目前,鲜食青麦仁饮料的开发研究主要集中在原料复配、产品稳定性等方面。

第二节 青麦仁及其制品开发新技术存在的问题与解决的对策

一、存在的问题

1. 育种研究滞后,缺少鲜食青麦仁的加工专用型品种

生产用品种的质量参差不齐,缺乏真正优质、高产、综合性状好的品种,且无完整的相关数据库,专用型品种得不到及时推广应用,造成我国的鲜食青麦仁产品在国际市场没有竞争力。

2. 产品类型少,附加值低,产业化尚未形成

鲜食青麦仁消费还停留在初级消费阶段,加工产品单一,加工企业以民营企业为主,企业规模相对不大,其产品质量不稳定,产品结构不合理,产品种类不丰富,并且供应配送体系严重滞后,综合效益不高,而且我国鲜食青麦仁生产企业大多缺乏原料生产基地,使得加工原料得不到保障,严重限制了我国鲜食青麦仁产业的发展。

3. 加工产品的标准体系不健全,发展机制不畅通

目前我国速冻青麦仁和谷物饮料等重要加工产品均缺乏相应标准,加工质量及流水线方面缺乏危害分析与关键控制点(hazard analysis critical control point,HACCP)标准化操作规范,存在因加工设备不过关或人为管理因素造成的产品内容物破损或杂质超标现象。

4. 市场开发力度薄弱,品牌意识不强,消费市场相对狭窄

鲜食青麦仁加工产品目前主要存在于一些饭店、快餐店中,远远没有达到进入百姓家庭的能力,且企业缺乏强大的宣传力度,特别是对鲜食青麦仁的特色及食用功效等宣传不足,使得人们对鲜食青麦仁了解比较少。

二、解决的对策

青麦仁是鲜食全谷物的代表产品之一,鲜食全谷物食品还包括鲜食玉米和青豆。鲜食全谷物为现代食品工业安全、营养、美味的诉求提供了很好的创新机会。随着社会发展和经济的进步、人们生活水平的提高、科学技术的发展以及对健康长寿的追求,发展鲜食全谷物食品越来越受到人们的青睐。未来鲜食全谷物食品更朝向安全化、功能化发展,必将有更多的鲜食全谷物产品走向市场,为人们的餐桌提供更加丰富多彩、益于健康的鲜食全谷物食品,满足人们的需要。

1. 积极开展鲜食青麦仁等全谷物的定向品种选育工作

根据不同食品加工特性的需求,以及功能性食品的高生理活性需求,通过分子育种等手段定向培育符合生产实际需要的鲜食青麦仁等全谷物品种,建立鲜食全谷物品种数据库,有关主管和技术部门应尽快建立适应市场经济发展和高效运作的新品种新技术推广体系,对特优种适当减少审定环节,加强特优品种成果转化,针对不同生态区选育特色品种,促进鲜食青麦仁的推广应用。

2. 加强鲜食青麦仁等全谷物产品的种类研发与创新

加强小麦传统制品相关的鲜食全谷物产品研发,开展新型小麦传统制品(面条、馒头、面包、饼干等)研发,从功能、营养健康着手,研究不同全谷物原料的成分、特性加工关键技术,杂粮植物活性物质在面食品加工过程中的变化及其活性保持技术研究,开发不同的杂粮鲜食全谷物传统制品加工工艺及产品。同时,鲜食全谷物制品加工原料的选择及产品开发首先要考虑顾客的爱好,让产品最大限度地符合顾客和市场的需要。

3.加强我国全谷物食品标准体系的构建

逐步实现鲜食全谷物原料及检测方法的标准化,生产全谷物食品需要品质稳定的鲜食全谷物原料为基础,因此,基础原料需要完善的标准体系来支撑,才能保障鲜食全谷物食品产业的健康发展。从检测方法来说,目前国内缺乏鲜食全谷物含量的实验室标准检测方法,如何采用科学的标准检测方法来判定全谷物,是未来的重要研究方向之一,最终实现建立鲜食全谷物制品营养加工产品定义、质量标准、标识体系的目标。

4.推动鲜食全谷物食品的产业化

突破鲜食全谷物在加工过程中色泽、营养容易流失的技术瓶颈,提升产品品质,开发品质优良的鲜食全谷物食品,同时,进行技术创新,优化加工工艺,降低生产成本,积极推进节能减排,走循环经济的发展道路,增强鲜食谷物及其制品的推广力度,宣传普及鲜食全谷物食品的营养功效,积极拓展消费市场。

第三节 青麦仁及其制品开发的意义

一、青麦仁及其制品开发对于农业的意义

青麦仁加工技术是小麦深加工发展的一个方向,青麦仁的收获实现了农业增产、增收,为农民带来了更大的经济效益。农民收割青麦仁每亩可直接增产 $100\sim200$ kg,按市场价出售,可增收 300 元左右。对于青麦仁加工企业,青麦仁的市售价约为每千克 10 元,产量为每亩 600 kg,成品率按 95% 计,每亩的收益是 5 700 元,除去青麦仁加工过程中人工、水电、储存等费用每千克 1 元,其每亩净产值为 5 100 元。大大提高了小麦的经济价值。古有谚语"春争日,夏争时",由于收割时间比正常小麦提前 10 天左右,可提前种植下茬农作物,对下茬作物的增产增收具有显著促进作用。青麦仁加工技术对提高农民收入、增加企业经济效益、合理利用资源、提升我国粮食综合利用率、推动小麦加工业的快速发展和产业升级等具有十分重要的经济价值和社会意义。

二、青麦仁及其制品技术开发的意义

根据不同青麦仁制品的加工特性和人们的消费习惯,将青麦仁经过加工转化为不同的青麦仁制品,进一步拉长产业链,同时,加强新型青麦仁健康制品开发及其综合利用研究,成为青麦仁制品的发展趋势。

目前,人们从饮食中摄入的脂肪和胆固醇较多,整个人群患慢性疾病的危险日益增加,对国民身体素质、社会发展带来了严重的影响。解决人类健康问题最有效最经济的办法还是依靠食用的天然组分,还没有得到充分利用的鲜食全谷物为我们提供了契机。

第二章 青麦仁的营养价值及功能特性

青麦仁具有与小麦相同的形态特征,其形状大致可分为长圆形、椭圆形、卵圆形和圆形几种,其腰部断面形状呈心脏形。青麦仁随品种不同具有其特有的颜色与光泽,可分为黑粒青麦仁、红粒青麦仁、青麦仁。收割时间过早其颜色较浅。与小麦籽粒结构相同,青麦仁籽粒也是由颖和颖果两大部分组成的,青麦仁即是籽粒的颖果部分,颖果由皮层、胚乳和胚三部分组成。

鲜青麦仁水分含量为 50%～70%。青麦仁干基蛋白含量为 12% 左右,淀粉含量为 60% 左右,灰分含量为 1.6% 左右,粗纤维含量为 2.1% 左右。

速冻青麦仁是指已经长饱满但未熟的小麦粒速冻而成的食品,色泽碧绿,口味独特,味道清新爽口。此时的小麦吸浆已满,但又没有完全成熟,麦秆青色稍微有些发黄,麦粒饱圆,捏上去软软的,麦粒内部是白色的嫩汁,见图 2-1。

图 2-1　速冻青麦仁

第一节 青麦仁的营养成分及测定方法

一、青麦仁的营养成分测定方法

(一)水分含量的测定

根据 GB 5009.3—2010 所载的方法进行测定。取 3 个干净的铝制称量盒,并编上号码,置于 105 ℃ 的干燥箱中,盒盖斜支在瓶边,加热 2.0 h,取出盖好盒盖,放入干燥器内冷却 0.5 h,然后进行称量,再放进干燥箱中,加热 1.0 h,重复上述操作,直到干燥至前后两次质量差不超过 2 mg,即为恒重。将已经磨成粉的样品,称取 3 g,放入已干燥好的称量盒中,加盖,进行称量,然后放入 105 ℃ 干燥箱中,盒盖还像原来一样斜支于瓶边,干燥 4 h 后,盖好取出放入干燥器中冷却 0.5 h 后进行称量。然后再把称量盒放入干燥箱中干燥 1 h,取出放入干燥器中冷却 0.5 h 后再称量。直至两次称量的质量之差小于 2 mg,即为恒重。

(二)蛋白质含量的测定

根据 GB 5009.5—2010 所载的方法进行测定。

测定原理:根据凯氏定氮测得的氮含量和氮在蛋白质中的含量为 1/6.25(即 16%),故可计算得出蛋白质的含量。凯氏定氮过程及化学反应如下:浓硫酸在催化剂和高温作用下,将有机化合物消化,使其中的氮全部转换成硫酸铵,然后采用加碱(NaOH)蒸馏的方式,使硫酸铵中的铵(NH_4^+)以氨气的形式释放出来,再用加有指示剂的硼酸溶液吸收这些氨气,用酸滴定液滴定至终点,从而确定蛋白质中氮的含量。本方法创始人是丹麦化学家 Johan Kjeldahl(1849—1900 年)。其反应原理如下:

消化　含氮有机物$+H_2SO_4 \xrightarrow[420\ ℃]{催化剂} (NH_4)_2SO_4$

蒸馏　$(NH_4)_2SO_4 + 2NaOH \longrightarrow 2NH_3\uparrow + Na_2SO_4 + 2H_2O$

吸收　$NH_3 + H_3BO_3 \longrightarrow NH_4BO_2 + H_2O$

滴定　$2NH_4BO_2 + H_2O + H_2SO_4 \longrightarrow (NH_4)_2SO_4 + 2H_3BO_3$

操作步骤如下:

(1)消化　称取样品 1.5 g 放入消化管中,然后再向管中加入凯氏定氮催化片,并加入 10 mL 浓硫酸(空白试验不加样品即可),把加入样品和试剂的消化管放入 SH220N 石墨消解仪中,打开水阀。打开仪器的开关,设置温度和时间,先 200 ℃ 30 min,300 ℃ 30 min,再 400 ℃ 2 h。消化结束仪器关闭后,再持续开水阀 30 min。消化管冷却到 100 ℃ 以下。

(2)滴定　打开全自动凯氏定氮仪,点击"清洗",再点击换酸清洗(清洗 3~4 遍)。

(3)空白试验　取一个空管,不加碱液,其余硼酸、稀释水等均加入,蒸馏 5 min,测试,出结果;将管内液体倒掉,进行 2~3 次空白试验,操作不变。若 3 次测定值最大值与最小值差值小于 0.05,说明仪器稳定,可以进行实验;若差值大于 0.05,需进行换酸清洗,再做仪器空白实验,直至差值小于 0.05。

(4)样品空白测试　将空白样品消化管放入测试仪中,测试。设定时,样品质量 0,空白体积 0,硼酸 15 mL,稀释液 10 mL,碱液 40 mL,蒸馏时间 5 min。得出结果,即为空白体积。

(5)样品测试　将样品消化管放入仪器内,设置样品质量、空白体积,硼酸 15 mL,稀释液 10 mL,碱液 40 mL,蒸馏时间 5 min。得出结果,即为蛋白质含量。

(三)淀粉含量的测定

1.一般淀粉含量的测定

根据 GB/T 5009.9—2008 和 GB/T 15683—2008 所载的方法进行测定。

测定原理:淀粉在加热和稀盐酸的作用下,会发生水解,并溶入稀盐酸中。在一定的水解条件下,不同谷物淀粉的比旋光度是不同的。

操作步骤如下:

用分析天平准确称取样品 2.50 g(精确至 0.01 g),并放入 100 mL 烧杯中,并编上号码,向烧杯中加入 50 mL 1%盐酸(沿烧杯壁加入),轻摇使样品能够完全湿润。然后把烧杯放入沸水浴中,沸腾 15 min,然后立即取出,迅速冷却至室温。

冷却到室温之后,再向烧杯中加入 1 mL 30%硫酸锌溶液,摇匀后,再加入 1 mL 亚铁氰化钾溶液,摇匀后转移至 100 mL 容量瓶中,并依次编上号码。然后用蒸馏水定容至刻度,摇匀过滤,弃除初始滤液 15 mL,收集其余滤液充分混匀后,用旋光仪进行旋光测定。

$$淀粉含量(\%)=\frac{\alpha\times100}{W\times L\times[\alpha]_D^{20}}\times100 \tag{2-1}$$

式中 α——测得的旋光度;

$[\alpha]_D^{20}$——淀粉的比旋光度;

L——旋光管长度,dm;

W——样品质量,g。

2.直链淀粉含量的测定

测定原理:根据淀粉与碘结合形成碘–淀粉复合物。根据吸光度与直链淀粉浓度呈线性关系,然后用分光光度计测定。

操作步骤如下:

(1)标准曲线绘制 取 6 个 100 mL 的容量瓶,分别加入直链淀粉标准溶液 0 mL、0.25 mL、0.50 mL、1.00 mL、1.50 mL、2.00 mL,在依次加入支链淀粉标准溶液 5.00 mL、4.75 mL、4.50 mL、4.00 mL、3.50 mL、3.00 mL。另取一个 100 mL 容量瓶,加入 0.09 mol/LNaOH 溶液 5 mL 做空白实验,然后各瓶中依次加入约 50 mL 水,1 mol/L 乙酸 1 mL 及碘试剂 1.5 mL,定容静置 20 min;在波长 620 nm 测其吸光度;以直链淀粉含量(百分比)为横坐标,以其相应的吸光度值为纵坐标,做出标准曲线或建立线性回归方程。本实验得到的标准曲线是 $y=0.013\,2x+0.261\,9$ $R^2=0.994\,9$,如图 2-2 所示。

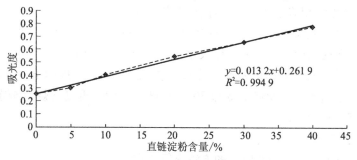

图 2-2 测定淀粉含量的标准曲线

(2)样品处理及测定 用分析天平标准称量 100 mg 青麦仁于 100 mL 锥形瓶中,滴入 1 mL 无水乙醇进行湿润,将粘在锥形瓶瓶壁上的样品也冲下来。然后在加有试样的锥形瓶中加入 1.0 mL/L 的 NaOH 溶液 9 mL,进行沸水浴加热 10 min,充分摇匀后倒入 100 mL 容量瓶中,并进行定容。取容量瓶中的溶液 20 mL 转移到 50 mL 具塞试管中并加入石油醚 7 mL,间歇振荡,时间 10 min,然后静置 15 min 后,吸取醚层,然后用四氯化碳 7 mL 再次进行提取,间歇振荡,静置 15 min 后,吸取上层液体 5 mL 于 100 mL 容量瓶中,再加入 1 mol/L 乙酸 1 mL 和碘试剂 1.5 mL,用水定容后,静置 20 min,在 620 nm 波长下用分光光度计测定其吸光值。根据标准曲线得到样品中直链淀粉含量。

$$A=\frac{G\times100}{m_1\times W(1-H)} \tag{2-2}$$

式中 A——直链淀粉含量(%,占样品干重);

G——从相应的混合标准曲线或回归方程求出的直链淀粉含量,%;

m_1——称取的样品的质量,100 mg;

H——水分百分率;

W——样品中粗淀粉含量。

碘溶液:称取碘化钾 2.0 g,溶于少量蒸馏水,再加碘 0.2 g,待溶解后用蒸馏水稀释定容至 100 mL。

(四)灰分含量的测定

参照 GB/T 5505—2008 所载的方法进行测定。

测定原理:将样品炭化后置于 525 ℃高温炉内灼烧,样品中的水分及挥发物质以气态放出,有机物质中的碳、氢、氮等元素与有机物质本身的氧及空气中的氧生成二氧化碳、氮氧化物及水分而散失,无机物以硫酸盐、磷酸盐、碳酸盐、氧化物等无机盐和金属氧化物的形式残留下来,这些残留物即灰分,称量残留物的质量即可计算出样品中总灰分的含量。

操作步骤如下:

(1)坩埚编号　把坩埚放入(1:4)盐酸中煮 2 h,等坩埚晾干后,用 $FeCl_3$ 与蓝墨水的混合液在坩埚外面和盖子上都写上编号。

(2)实验前准备　把准备好的瓷坩埚置入马弗炉中,在 550 ℃下灼烧 0.5 h,然后冷却至 200 ℃左右,用坩埚钳将其取出,放入干燥器中冷却 30 min,然后准确称量。重复操作直至前后两次称量相差不超过 0.5 mg,即为坩埚恒重。

(3)样品炭化　精确称量 3 g 青麦仁样品放入恒重的坩埚中,然后把坩埚放在加有石棉网的电炉上,在通气情况下小火加热炭化,直至没有黑烟产生。

(4)样品灰化　炭化后的坩埚置于马弗炉中,在 550 ℃下灼烧 4 h。然后待温度冷却至 200 ℃左右,取出放入干燥器中冷却 30 min,进行称量。重复灼烧直至前后两次称量相差不超过 0.5 mg 为恒重。

(五)膳食纤维含量的测定

参照 GB/T 5009.88—2008 所载的方法进行测定。

测定原理:干燥试样经热稳定 α-淀粉酶、蛋白酶和葡萄糖苷酶酶解消化去除蛋白质和淀粉后,酶解液经乙醇沉淀、过滤,残渣用乙醇和丙酮洗涤,干燥后称重,即为总膳食纤维残渣。扣除残渣中相应的蛋白质、灰分和空白即可算出试样中的膳食纤维含量。

操作步骤如下:

(1)试样酶解　每次分析试样要同时做 2 个试剂空白。准确称取双份样品 1.000 0 g,把称好的试样置于 400 mL 高脚烧杯中,加入 40 mL,pH=8.2 的 MES-TRIS 缓冲液,用磁力搅拌直至试样完全分散在缓冲液中(这是为了避免形成团块,试样和酶不能充分接触)。

(2)沉淀　在每份试样中,加入已预热至 60 ℃的 95%乙醇 225 mL,乙醇与样液的体积比为 4:1,取出烧杯,盖上铝锚,室温下沉淀 1 h。

(3)过滤　加入 15 mL 78%乙醇将称重过的坩埚中的硅藻土润湿并铺平,然后进行抽滤,以去除乙醇溶液,使坩埚中的硅藻土可以在烧结玻璃滤板上形成平面。把已经处理过的样品酶解液倒入坩埚中进行过滤,用刮勺和 78% 乙醇将所有残渣转至坩埚中。

（4）洗涤　分别用 15 mL 78%乙醇、15 mL 95%乙醇和 15 mL 丙酮来洗涤残渣,每种 2 次,再进行抽滤来去除 78% 乙醇、95%乙醇和丙酮,将坩埚和残渣都在 105 ℃烘干过夜。过夜之后将坩埚置干燥器中冷却 30 min,然后进行称重,精确至 0.1 mg,减去坩埚和硅藻土的干重,然后计算残渣质量。

（5）蛋白质和灰分的测定　称重后的试样残渣,分别按 GB/T 5009.5 测定氮(N),以 N×6.25 为换算系数,计算蛋白质质量;按 GB/T 5009.4 测定灰分,即在 525 ℃灰化 5 h,于干燥器中冷却,精确称量坩埚总质量(精确至 0.1 mg),减去坩埚和硅藻土质量,计算灰分质量。

（六）酯类含量的测定

参照 GB/T 5009.6—2003 所载的方法进行测定。

测定原理:样品用无水乙醚或石油醚等溶剂抽提后,蒸去溶剂所得的物质,在食品分析上称为酯类或粗酯类。因为除酯类外,还含色素及挥发油、蜡、树脂等物质。抽提法所测得的酯类为游离酯类。

操作步骤如下:

（1）称样、干燥　用洁净称量皿称取约 5 g 试样,精确至 0.001 g。滤纸筒上方塞添少量脱脂棉。将盛有试样的滤纸筒移入电热鼓风干燥箱内,在 103 ℃±2 ℃温度下烘干 2 h。

（2）提取　将干燥后盛有试样的滤纸筒放入索氏提取筒内,连接已干燥至恒重的底瓶,注入无水乙醚或石油醚至虹吸管高度以上。待提取液流净后,再加提取液至虹吸管高度的 1/2 处,连接回流冷凝管。将底瓶放在水浴锅上加热。用少量脱脂棉塞入冷凝管上口。水浴温度应控制在使提取液每 6~8 min 回流一次为宜。提取结束时,用磨砂玻璃接取一滴提取液,磨砂玻璃上无白斑表明提取完毕。

（3）烘干、称量　提取完毕后,回收提取液。取下底瓶,在水浴上蒸干并除尽残余的无水乙醚或石油醚。用脱脂滤纸擦净底瓶外部,在 103 ℃±2 ℃的干燥箱内干燥 1 h,取出,置于干燥器内冷却至室温,称量。重复干燥,冷却,称量,直至前后两次称量之差不超过 0.002 g。

（七）微量营养素的测定

微量营养素是人体所需要的营养素中需要量较少,在膳食中所占比重较小的营养素即矿物质和维生素。矿物质又分为常量元素与微量元素,微量元素虽然在人体内含量很少但是在人体中有重要的功能作用。谷物是膳食中维生素与微量元素的重要来源,这些微量营养素主要分布在种皮、胚芽与糊粉层中。成熟谷物和精加工谷物将造成这些微量营养素的损失,但是鲜食谷物能够最大的保留谷物中的微量营养素。

微量元素的检测用原子吸收光谱法参照《实验动物　配合饲料　矿物质和微量元素的测定》(GB/T 14924.12—2001),具体元素的检测如下:锌元素含量依照 GB/T 5009.14—1996 进行检测;铁、镁、锌元素含量依照 GB/T 12396—1990 进行检测;钠、钾元素含量依照 GB/T 12397—1990 进行检测。

1.维生素 C 含量的测定

维生素 C 含量的测定采用 2,6-二氯酚靛酚法进行测定。

测定原理:维生素 C 具有很强的还原性,染料 2,6-二氯酚靛酚具有很强的氧化性,且在酸性溶液中呈红色,在中性或碱性溶液中呈蓝色。因此当用蓝色碱性 2,6-二氯酚靛酚溶液滴定含有抗坏血酸的草酸溶液时,其中的抗坏血酸可以将 2,6-二氯酚靛酚溶液还原成无色的还原型。当溶液中的抗坏血酸完全被氧化之后,再滴加标准2,6-二氯酚靛酚溶液就会使溶液呈红色。借此可以指定滴定终点,根据滴定用去的标准2,6-二氯酚靛酚溶液的量,可以计算出被测样品中抗坏血酸的量。

操作步骤如下:

(1)样品称取 称取样品2 g,放入烧杯中加入2%草酸溶液约50 mL搅拌。通过玻璃棒将样品倒入一只100 mL容量瓶中,烧杯用2%草酸溶液冲洗,将洗液一并倒入容量瓶中,最后用2%草酸定容至刻度,过滤,滤液备用。

(2)染料的备用 取1 mL标准抗坏血酸溶液至50 mL锥形瓶中,加入10 mL草酸浸提剂,摇匀,以2,6-二氯酚靛酚溶液滴定至粉红色,并在30 s内不褪色为滴定终点。同时,另取10 mL浸提剂做空白对照。计算1 mL染料相当于抗坏血酸的毫克数(重复3次,取平均值)。

(3)滴定 取滤液10 mL于蒸发皿中,用已标定的2,6-二氯酚靛酚溶液滴定至粉红色,并且在30 s内不褪色为止,记下染料的用量(重复3次,取平均值)。

(4)计算

$$滴定度(mg/mL)=C×\frac{V}{V_1-V_2} \tag{2-3}$$

式中 C——抗坏血酸的浓度,mg/mL;

V——吸取抗坏血酸的体积,mL;

V_1——滴定抗坏血酸溶液所用2,6-二氯酚靛酚的体积,mL;

V_2——滴定抗坏血酸溶液所用2,6-二氯酚靛酚的体积,mL。

$$维生素C(mg/100\ g)样品=\frac{(V_A-V_B)×S×V×100}{W×D} \tag{2-4}$$

式中 W——称取样品质量,g;

V_A——滴定样品用去2,6-二氯酚靛酚钠的平均毫升数;

V_B——滴定空白用去2,6-二氯酚靛酚钠的毫升数;

S——每毫升2,6-二氯酚靛酚钠溶液相当于维生素C的毫克数;

V——样品提取液总毫升(定容后的毫升数,100 mL);

D——滴定时所取的样品提取液毫升数(10 mL)。

2.维生素E含量的测定

为测定维生素E,用正己烷从小麦粉样品(5 g)中提取油,提取时间为6 h,然后通过溶剂蒸发回收油。如Ko等先前所述,对生育酚和生育酚的含量进行了分析。简而言之,从小麦样品中提取的油用正己烷稀释,然后通过微孔0.45 mm FH膜进行液相色谱分析。液相色谱仪由连接到Rheodyne注射器和荧光检测器组成,激发设置为298 nm,发射设置为325 nm。使用的色谱柱为Lichrospher Si-60色谱柱(250 mm×4.6 mm)。HPLC的流动相为正己烷/异丙醇(99∶1)。流速为1.0 mL/min。在0.5~40 mg/mL的线性测量范围内,用外部标准品评估维生素E的峰值。

其他维生素含量的测定根据各维生素的国标方法测定,例如,维生素A的测定依照GB/T 5009.82—2003进行检测;维生素B_1的测定依照GB/T 5009.84—2003进行检测。

(八)类胡萝卜素的测定

称取多谷物粉 2 g,分别置于 25 mL 巨型玻璃管中,加入 8 mL 丙酮于 4 ℃冰箱中避光浸提,24 h 后取出于 4 ℃高速冷冻离心机中 4 000 r/min 离心 15 min,取上清液于 25 mL 容量瓶中,剩余残渣加入 7 mL 的丙酮,重复提取 3 次,合并上清液后用丙酮定容至 25 mL 备用,每个样重复 3 次。采用紫外-可见分光光度计在波长 450 nm 下进行扫描,根据公式计算类胡萝卜素总含量。

$$类胡萝卜素含量/(\mu g/g) = \frac{10\ 000 \times A \times V \times N}{2\ 500 \times m} \tag{2-5}$$

式中　V——提取液体积,mL;

　　　A——样品在 450 nm 波长下的吸光值;

　　　N——稀释倍数;

　　　2 500——类胡萝卜素的平均吸光系数;

　　　m——样品质量。

二、青麦仁的主要营养品质

(一)青麦仁的淀粉、糖类、纤维素等成分含量

谷物作为中国居民传统的植食性膳食,谷类食物的供能比例占 70%以上。但是传统的谷物类食物由于储存加工等工序的简单落后,导致营养的损失。鲜食谷物由于不经过破碎、研磨,通过速冻进行整粒加工和低温冷藏保鲜,其谷物蛋白质不会受到影响发生变性,速冻低温冷藏后谷物本身和微生物的酶会受到抑制,淀粉等营养不会被降解,能够保持谷物品质不下降。

选取三种速冻鲜食谷物,对其进行真空冷冻干燥处理并粉碎,得到速冻粉,营养品质结果见表 2-1。同时测定了三种谷物对应的成熟谷物的营养品质,结果见表 2-2。通过不同谷物的对比分析,可以让我们更加清晰地看出青麦仁的营养特性。

表 2-1　鲜食(未成熟)谷物主要营养品质的测定结果

鲜食谷物	粗蛋白(干基)/%	粗纤维(干基)/%	总糖(干基)/%	淀粉含量(干基)/%
青麦仁 1	11.85±0.04	14.44±0.06	4.32±0.55	62.56±0.19
青麦仁 2	12.19±0.49	17.63±0.12	4.56±0.75	56.13±0.26
青豌豆	23.40±0.12	18.80±0.25	3.13±0.28	49.76±0.19
玉米	13.06±0.38	15.25±0.09	3.33±0.60	22.78±0.08

注:青麦仁 1 和青麦仁 2 是来自不同公司和产地的两个样品,下同。

表 2-2　成熟谷物营养品质的测定结果

鲜食谷物	粗蛋白(干基)/%	粗纤维(干基)/%	总糖(干基)/%	淀粉含量(干基)/%
小麦	11.90	10.80	5.04	71.42
青豌豆	24.37	8.69	4.62	60.67
玉米	10.01	3.90	6.13	43.17

鲜食谷物由于采收后不经过破碎、研磨,通过速冻进行整粒加工和低温冷藏保鲜,所以能够最大限度地保留其营养成分和生物活性。营养品质测定结果表明,青豌豆的粗蛋白含量最高,青麦仁的粗蛋白含量略低于玉米的粗蛋白含量;青豌豆的粗纤维含量最高,两种青麦仁的粗纤维含量存在一定的差距;青麦仁的总糖含量高于青豌豆和玉米的总糖含量,青豌豆与玉米的总糖含量几乎相同;青麦仁的淀粉含量远高于其他两种,玉米的淀粉含量最低。

对比鲜食谷物和成熟谷物的各项营养品质的测定结果,鲜食谷物在粗蛋白含量和粗纤维含量这两个指标上明显高于成熟谷物,但是在总糖含量和淀粉含量这两个指标上,成熟谷物比鲜食谷物要高。因为随着谷物植物的生长成熟,谷物籽粒结构组成及其中所含营养物质会发生改变,谷物中的膳食纤维、蛋白质、抗氧化成分、维生素、矿物质与酶等营养物质主要集中在糊粉层中,随着鲜食期到成熟期的过度,粗蛋白、粗纤维等营养物质会被消耗减少转化为其他物质,淀粉逐渐积累增多。谷物采收后由于储藏、加工或流通其营养成分会发生损失。

(二)青麦仁中的维生素

维生素是一类维持机体正常生理功能所必需的低分子有机化合物的总称,根据国标中规定的维生素的测定方法,对三种鲜食谷物的三种维生素即维生素 C、维生素 B_2 和类胡萝卜素进行了测量,测量结果详见表 2-3。由表 2-3 可知,三种鲜食谷物中青豌豆的维生素 C 含量最高,玉米次之,相比之下青麦仁中的维生素 C 含量显得过少;类胡萝卜素的含量趋势和维生素 C 的含量趋势大致相同,呈现出玉米和青豌豆远大于青麦仁类胡萝卜素的含量;但是在维生素 B_2 的含量上,青麦仁的维生素 B_2 含量最高,青豌豆次之,玉米的最少。

表 2-3　鲜食谷物原料中维生素含量　　　　　　(单位:mg/100 g)

鲜食谷物	维生素 C	维生素 B_2	类胡萝卜素
青麦仁 1	4.15	0.54	3.83
青麦仁 2	5.26	0.41	4.06
青豌豆	37.35	0.28	12.51
玉米	29.35	0.14	13.81

维生素 C(又名抗坏血酸)是一种重要而特殊的水溶性维生素,其分子结构简单,拥有不稳定的理化性质,与人体健康的关系十分密切,维生素 C 是所有维生素中每日需要量最大的一种。经过多年的科学实验证明,维生素 C 在维持人体正常功能方面具有多种重要的作用,主要表现在能够预防和治疗缺铁性贫血、坏血病等多种血液疾病,具有抗衰老作用和防癌症作用。根据中国居民膳食营养参考摄入量(dietary reference intake,DRIs),我国普通成年人维生素 C 的营养素参考摄入量(reference nutrient intake,RNI)为100 mg/d,但是根据我国多年多次的全国营养调查表明,我国城乡居民维生素 C 的摄入量呈下降趋势,所以我国居民需要适量增加维生素 C 的膳食供应量,来使机体对维生素C 的正常生理需求得到满足。根据表 2-3 的测量结果可知,通过多食用鲜食谷物来补充

维生素 C 的摄入量是可行的。

维生素 B$_2$ 又叫核黄素,是人体内黄酶类辅基的组成部分,当缺乏时会影响机体的生物氧化,使代谢发生障碍,其病变多变现为口、眼和外生殖器部位的炎症。人体内维生素 B$_2$ 的储存是很有限的,因此每天都要由饮食提供,根据中国居民膳食营养参考摄入量(DRIs),我国普通成年人维生素 B$_2$ 的营养素参考摄入量(*RNI*)为 1.2 mg/d。全谷物是膳食中 B 族维生素的主要来源,鲜食谷物中含有维生素 B$_2$ 能够用来满足人体每日需求量。

类胡萝卜素是一类重要的天然色素的总称,类胡萝卜素是维生素 A 的前体,不仅是动物体内维生素 A 的最主要来源,而且在预防疾病、提高机体免疫力、维持动物正常生长与繁殖以及着色等方面发挥着重要的作用。随着研究的深入,类胡萝卜素在人类健康及动物生产中的作用日益受到重视,补充类胡萝卜素可以起到对视觉系统、皮肤组织的保健作用,能够帮助机体抵抗不良环境,对人体每日的代谢起重要作用。

(三)青麦仁中的微量元素

微量元素是指在机体内其含量不及体重万分之一的元素,这些微量元素虽然在体内含量微乎其微,但是却能起到重要的生理作用。对三种鲜食谷物的微量元素含量进行了测定,测定结果详见表 2-4。

表 2-4 鲜食谷物中微量元素的测定结果 （单位:μg/g）

元素	青麦仁	玉米	青豌豆
Fe	11.92	40.29	15.43
Mn	41.08	11.86	9.73
Cu	7.21	2.79	2.23
Zn	9.87	9.03	22.3
Ca	116.67	174.88	213.38

本次测量的几种元素均为与人的生存和健康密切相关,对人的生理生命起至关重要作用的元素。它们的摄入量的多少,是否过量、不足或是不平衡都会在不同程度上引起人体发生疾病或者生理异常。微量元素在人体中起的重要作用越来越被认识和重视,特别是对孕妇和儿童,其缺乏对儿童的生长发育影响尤为重要,微量元素检测对指导营养、预防疾病发生起着重要的作用。根据此次对鲜食谷物的微量元素的测定,可以看出三种鲜食谷物中钙的含量均很高,玉米中铁元素的含量高,青麦仁中锰元素的含量高,青豌豆中锌元素的含量高。三种鲜食谷物均可以作为日常膳食中微量元素的良好来源,还可以相互组合互补开发多种微量元素均衡的新型食品。

(四)青麦仁中的氨基酸组成

青麦仁籽粒中的氨基酸含量和组成,特别是人类和动物生理代谢合成蛋白质所必需的氨基酸(还包括动物有时必需的精氨酸共 12 种),是决定其营养品质优劣的重要指标。对三种鲜食谷物的氨基酸组成进行了测定,结果见表 2-5。

大多数谷物(包括青麦仁、玉米)的限制性氨基酸是赖氨酸,豆科作物的赖氨酸含量要比乔本科作物高,豆科作物的限制性氨基酸是蛋氨酸、胱氨酸和色氨酸。因此,青麦仁、玉米与青豌豆结合,可以弥补谷物限制性氨基酸的不足。食物中必需氨基酸含量的高低及氨基酸的构成对于评价其营养价值、合理开发利用食品资源、提高产品质量、优化食品配方、指导经济核算及生产过程控制均具有极重要的意义。为提高蛋白质的生理功效而进行食品氨基酸互补和强化的理论,对食品加工工艺的改革,对保健食品的开发及合理配膳等工作都具有积极的指导作用。

表2-5 鲜食谷物原料(干基)中氨基酸组成

氨基酸	青麦仁1	青麦仁2	玉米	青豌豆
天冬氨酸	0.62%	0.66%	0.88%	2.72%
苏氨酸	0.33%	0.36%	0.46%	0.88%
丝氨酸	0.50%	0.52%	0.60%	1.04%
谷氨酸	3.42%	3.35%	2.46%	4.10%
甘氨酸	0.48%	0.50%	0.54%	0.97%
丙氨酸	0.48%	0.54%	1.55%	1.02%
胱氨酸	0.16%	0.16%	0.14%	0.24%
缬氨酸	0.54%	0.56%	0.64%	1.14%
蛋氨酸	0.18%	0.20%	0.24%	0.18%
异亮氨酸	0.43%	0.45%	0.44%	0.96%
亮氨酸	0.80%	0.84%	1.41%	1.70%
酪氨酸	0.25%	0.26%	0.36%	0.52%
苯丙氨酸	0.60%	0.62%	0.65%	1.26%
赖氨酸	0.44%	0.48%	0.57%	1.82%
组氨酸	0.28%	0.28%	0.36%	0.58%
精氨酸	0.52%	0.54%	0.53%	2.52%
脯氨酸	1.16%	1.13%	1.05%	0.91%
总和	11.19%	11.45%	12.88%	22.56%

第二节 青麦仁的功能性成分及测定方法

谷物类食品是亚洲、欧洲大多数国家日常膳食的重要组成部分。鲜食谷物中,不仅含有碳水化合物、蛋白质、酯类等大量营养素,还含有各种维生素、矿物元素等微量营养素及抗氧化组分、非淀粉多糖等生理活性组分。近年来,世界各国的流行病学与群组对谷物类食品对人体的作用进行了大量的研究。这些研究表明,增加全谷物的消费与降低心脑血管病、糖尿病及一些癌症等许多非传染性疾病有关。近年来的研究也表明全谷物中的其他组分如维生素、矿物质与谷物蛋白等具有重要的保健作用。谷物中的膳食纤维尤其是可溶性膳食纤维的摄入,可以降低血糖,从而降低患糖尿病的危险。谷物中的膳食纤维还具有润肠通便的作用。

一、功能性成分的测定方法

1.总叶绿素含量的测定

参照 GB/T 22182—2008 所载的方法进行测定。

测定原理:叶绿素广泛存在于果蔬等绿色植物组织中,并在植物细胞中与蛋白质结合成叶绿体。当植物细胞死亡后,叶绿素即游离出来,游离叶绿素很不稳定,对光、热较敏感;在酸性条件下,叶绿素生成绿褐色的脱镁叶绿素,在稀碱液中可水解成鲜绿色的叶绿酸盐以及叶绿醇和甲醇。高等植物中叶绿素有两种:叶绿素 A 和叶绿素 B,两者均易溶于乙醇、乙醚、丙酮和氯仿。利用分光光度计测定叶绿素提取液在最大吸收波长下的吸光值,即可用朗伯-比尔定律计算出提取液中各色素的含量。叶绿素 A 和叶绿素 B 在645 nm 和 663 nm 处有最大吸收,且两吸收曲线相交于 652 nm 处。因此,测定提取液在645 nm、663 nm 波长下的吸光值,并根据经验公式可分别计算出叶绿素 A、叶绿素 B 和总叶绿素的含量。

操作步骤如下:

(1)取干材料,擦净组织表面污物。

(2)取新鲜植物叶片(或其他绿色组织)或干材料,擦净组织表面污物,去除中脉剪碎。称取样品 2 g,放入研钵中,加少量石英砂和碳酸钙粉及 3 mL 95%乙醇,研成匀浆,再加乙醇 10 mL,继续研磨至组织变白。静置 3~5 min。

(3)取滤纸 1 张置于漏斗中,用乙醇湿润,沿玻棒把提取液倒入漏斗,滤液流至100 mL棕色容量瓶中;用少量乙醇冲洗研钵、研棒及残渣数次,最后连同残渣一起倒入漏斗中。用滴管吸取乙醇,将滤纸上的叶绿体色素全部洗入容量瓶中。直至滤纸和残渣中无绿色为止。最后,用乙醇定容至 100 mL,摇匀。取叶绿体色素提取液,在波长 663 nm、645 nm 下测定吸光度,以 95%乙醇为空白对照。

(4)计算:按照实验原理中提供的经验公式,分别计算植物材料中叶绿素 A、叶绿素 B 和总叶绿素的含量。

$$C_a = 12.72D_{663} - 2.59D_{645}$$
$$C_b = 22.88D_{645} - 4.68D_{663}$$
$$C_T = C_a + C_b = 8.02D_{663} + 20.29D_{645}$$

注:D 为在最大吸收峰波长时,混合液的光密度值,C_T 为总叶绿素浓度,单位为 mg/L。

2.总黄酮含量的测定

紫外分光光度法测定总黄酮含量:称取黄豆芽粉 2 g,按照 1:30 加入石油醚,放入超声清洗器里以 70 W 功率超声 80 min,进行脱脂,离心后去除上清液,剩余固体放入通风橱风干。

将脱脂后的固体样品以 1:25 的固液比,加入 60%的乙醇,进行超声提取,超声后进行离心处理,取上清液记录体积为 V,即为总黄酮的粗提液。

吸取 10 mL 提取液于 25 mL 的容量瓶中,加入 5%的亚硝酸钠 0.75 mL,振荡摇匀,放置 5 min,再加入 10%的硝酸铝溶液 0.75 mL,振荡摇匀,放置 5 min,再加入 4%的 NaOH溶液 10 mL,摇匀,加入 60%的乙醇至刻度线,放置 10 min,于 510 nm 波长处测定吸光度。

以 60% 的乙醇代替样品做空白对照。

总黄酮的含量(mg/g)按照式(2-6)计算:

$$总黄酮的质量比 = \frac{C \times V \times 2.5}{m} \tag{2-6}$$

式中　C——由直线方程计算的浓度值,mol/L;

　　　V——样品提取液的总体积,mL;

　　　m——样品质量,g。

3. 小麦籽粒游离酚和结合酚含量的提取

酚类含量按照 Verma、Hucl 和 Chibbar 等方法提取,但稍作修改。游离酚和结合酚的含量被提取为可溶和不溶的酚类组分。将 1 g 全麦面粉与 20 mL 80% 冷冻乙醇混合 10 min,提取小麦中游离酚类物质,4 000 r/min 离心 10 min,去除上清液,重复提取。收集上清液,在 45 ℃下蒸发至干燥,并用酸化甲醇(甲醇∶盐酸=80∶20)重组至最终体积为 5 mL 即为游离酚提取液。

提取游离酚类物质后,对残留物进行结合酚类化合物的萃取。首先,在室温下用 6 mol/L 氢氧化钠溶液在摇动下消化残留物 1 h。然后,用适量的盐酸中和混合物,用正己烷萃取除去油脂。用正己烷洗涤后,用盐酸在 85 ℃下水解 30 min,然后用乙酸乙酯萃取 5 次。将乙酸乙酯部分在 45 ℃下蒸发至干燥,并用酸化甲醇(甲醇∶盐酸=80∶20)重组至最终体积为 10 mL,即为结合酚提取液。提取物在 20 ℃下保存不超过 3 天。

4. 总酚含量(TPC)的测定

将游离及结合酚类提取液适当稀释后取 0.5 mL 于离心管中,加入 0.5 mL 福林酚试剂氧化,然后加入 1 mL 饱和碳酸钠溶液中和反应,用蒸馏水定容至 10 mL,充分混合后静置 45 min 直至溶液呈蓝色,然后于 4 000 r/min 下离心 5 min,取上清液于 725 nm 处测定吸光度值。萃取液的总酚含量基于阿魏酸的标准曲线计算得出,结果表示为每克样品中含有的阿魏酸的当量(mg)。标准品的浓度分别为 0、20、40、60、80、100 μg/mL。

5. 抗氧化能力的测定

抗氧化能力的测定采用 ORAC 法,参考 Prior 等的方法,并稍做修改。Trolox(水溶性维生素 E)标准品及各种待测样品用 75 mmol/L pH 7.4 磷酸盐缓冲液稀释到适当浓度,反应用黑色 96 孔板,除样品孔外,另设空白孔、对照孔、不同浓度的标准溶液孔(Trolox)和阳性对照孔(没食子酸),各处理均设 3 个复孔。先向空白孔加入 20 μL 磷酸盐缓冲液,其余孔分别加入样品溶液、不同浓度的 Trolox 标准溶液(6.25、12.5、25、50 μmol/L)以及 17.5 μmol/L 的没食子酸溶液,将 96 孔板放入提前调节温度至 37 ℃的酶标仪中孵育 10 min;然后每孔加入 200 μL 0.96 μmol/L 荧光素钠工作液,继续孵育 20 min 后,除对照孔外,每孔再加入 20 μL 新鲜配制的 119 μmol/L AAPH[2,2-偶氮二(2-甲基丙基咪)二盐酸盐]溶液。最后,将 96 孔板立即放入酶标仪中,在激发波长 485 nm、发射波长 520 nm 下测定各孔荧光值,每 4.5 min 测定 1 次,共 35 个循环。计算各孔荧光强度曲线下的面积(AUG),减掉空白孔的 AUG,即得到各孔的 Net AUG,根据不同浓度 Trolox 的 Net AUG 做标准曲线,计算各样品的 $ORAC$ 值。ORAC 结果以每克不同级分黑色素样品(干重)中所含的 μmol Trolox 当量(Trolox equivalents/g dry weight)表示,简写为 μmol TE/g DW。

6.对癌细胞的抗增殖作用测定

用80%乙醇提取约15 g全麦,在45 ℃下蒸发至干燥,然后如前所述在二甲基亚砜(DMSO)中重新溶解。细胞培养基中提取物的最终浓度为每毫升0 mg、20 mg、40 mg、60 mg、80 mg、100 mg小麦当量。研究使用人类结肠癌细胞(HT-29和Caco-2)和人类宫颈癌细胞(HeLa),并从美国ATCC公司购买。分别在McCoy的5A、MEM和DMEM(Hyclone Laboratories Inc.,Logan)中培养HT-29(ATCC-HTB-38TM)、Caco-2(ATCC-HTB-37TM)和HeLa(ATCC-CCL-2TM)细胞。细胞补充10%或20%胎牛血清(FBS)并在37 ℃5%CO$_2$的加湿培养箱中生长。采用MTT法(2-4,5-二甲基噻唑-2-基)-2,5-二苯基四唑溴化铵法测定小麦样品的抗增殖作用。简言之,将每孔1×10^{4}个细胞接种在96孔板中,然后连夜附着。交换培养基,用不同浓度的提取物(0~100 mg/mL)处理细胞96 h。培养96 h后,使用MTT细胞增殖检测试剂盒在570~655 nm处用SpectraMaxi 3平板计数器测定细胞增殖。

二、青麦仁的功能性品质

尽管小麦主要作为人体能量的来源,但全麦谷物是膳食纤维、矿物质、维生素和生物活性植物化学物质(如抗氧化剂)的极好来源。为此,人们对全麦的营养品质和健康效益进行了大量的研究。特别是,研究了小麦的酚类含量和抗氧化能力,以调查其对健康的益处。Adom和Liu报道了小麦的抗氧化能力高于大米和燕麦。Verma等发现麦麸的抗氧化活性与其游离、结合和总酚含量高度相关。小麦中发现的植物化学物质有阿魏酸、对香豆酸、丁香酸、香兰素酸和咖啡酸。这些植物化学物质具有很强的抗氧化特性,因为它们通过提供电子来清除或中和自由基,从而减少对蛋白质、DNA和脂质的氧化损伤。细胞或细胞成分氧化损伤的减少可能解释了氧化应激引起的癌症和心血管等疾病的抑制作用。

除了总体抗氧化能力外,小麦还有几种特殊成分有助于降低结肠癌的风险。Okarter发现全麦不溶性部分的酚类提取物在体外抑制人类结肠癌细胞的增殖。这些研究人员还报道了细胞壁中结合酚类化合物具有更高的抗增殖活性。最近,Whent等报告,与其他小麦品种相比,小麦品种Westbreed 936对HT-29细胞的抗增殖活性更高。此外,从麦麸油中分离出的5-烷基间苯二酚具有很强的抗增殖活性。然而,无论是未成熟小麦还是未成熟小麦的麸皮都没有特征。

未成熟小麦通常是在小麦茎秆仍呈绿色的早期收获时获得。食用未成熟小麦和蒸熟未成熟小麦对健康的好处,可以促进未成熟小麦作为食品原料的利用。然而,与成熟小麦相比,只有少数研究报告了未成熟小麦的特征,这些研究通常集中在营养方面。Yang等报道了未成熟小麦的蛋白质含量低于成熟小麦,膳食纤维含量高于成熟小麦。Kim等报道了未成熟小麦的必需氨基酸含量高于成熟小麦,抽穗后33天以上的未成熟小麦蛋白质含量与成熟小麦相似,具有潜在的食用价值。

抽穗后35天和45天分别收获未成熟小麦和成熟小麦,并对蒸熟未成熟小麦进行了测试。比较了未成熟小麦和成熟小麦与蒸熟未成熟小麦的酚类、类黄酮和维生素E含量(表2-6)。此外,评估了三个样品对结肠癌细胞(HT-29和Caco-2)和宫颈癌细胞(HeLa)的抗增殖活性。与成熟小麦相比,未成熟小麦的酚类和类黄酮含量较高,而维生素 E 含量较低。通过氧自由基吸收容量($ORAC$)的测定,未成熟小麦的抗氧化能力高于其他样品。在抗增殖试验中,未成熟小麦在 HT-29(39.3 mg/mL)和 HeLa(31.4 mg/mL)细胞中的 $EC50$ 值最低,说明其具有较强的抗增殖活性。

1.总酚类、类黄酮和维生素 E 含量

三个样品中的总酚含量是每个样品游离和结合酚含量的总和。三个样品游离酚含量相近,但结合酚和总酚含量差异显著($p<0.001$)。总的来说,结合酚和总酚含量以未成熟小麦最高,其次是蒸熟未成熟小麦和成熟小麦。籽粒中大多数酚类化合物以结合态存在;结合酚类化合物约占小麦总酚含量的75%。研究结果证实结合酚含量高于游离酚含量(表2-6)。结合酚含量的百分比为73%。总酚含量为 4.46~5.32 mg GAE/g。此外,未成熟小麦的游离酚类化合物、结合酚类化合物和总酚类化合物含量均高于其他样品,说明其抗氧化活性更强。酚类化合物被认为是有助于谷物抗氧化活性的一类主要化合物。基于这些原因,许多研究人员对成熟小麦的酚类含量进行了研究,但还没有研究报告过未成熟小麦的酚类含量。另外,蒸30 s 的未成熟小麦酚类物质含量高于成熟小麦,说明未成熟小麦是一种潜在的保健食品。

表2-6　未成熟小麦(青麦仁)的总酚类、类黄酮和维生素 E 含量

成分含量		成熟小麦	未成熟小麦	蒸熟未成熟小麦
酚类化合物 /(mg GAE/g)	游离酚	1.21± 0.17a	1.44±0.08a	1.31±0.01a
	结合酚***	3.24±0.01c	3.88±0.05a	3.38±0.07b
	总计[1]***	4.46±0.16c	5.32±0.10a	4.69±0.09b
类黄酮/(mg CE/g)	游离类黄酮	0.18±0.01a	0.22±0.01a	0.16±0.02a
	结合类黄酮***	2.16±0.09c	4.51±0.04a	3.55±0.20b
	总计[2]***	2.34±0.09c	4.73±0.04a	3.70±0.21b
维生素 E/(mg/100 g)	α-生育酚***	2.40±0.27a	1.28±0.25b	0.39±0.09c
	β-生育酚**	0.64±0.07a	0.54±0.11a	0.33±0.06b
	α-生育三烯酚***	0.64±0.06a	0.4±0.07b	0.16±0.04c
	β-生育三烯酚*	2.13±0.23a	1.85±0.37ab	1.31±0.23b
	总计[3]***	5.81±0.63a	4.02±0.79a	2.18±0.41c

注:总计[1]包含游离酚和结合酚含量;总计[2]包含游离和结合类黄酮;总计[3]包含 α-生育酚、β-生育酚、α-生育三烯酚和 β-生育三烯酚。

*,**,*** 分别在 $p=0.05$,$p=0.01$ 和 $p=0.001$ 时有显著差异。行中 abc 具有相同字母表示没有显著差异。

3 个样品的结合态黄酮和总黄酮含量存在显著差异($p<0.001$),而游离类黄酮的含量则无差异。3 个样品中,未成熟小麦的结合类黄酮和总黄酮含量最高。在酚类物质含量方面,游离类黄酮含量低于结合类黄酮。总的来说,成熟小麦(2.34 mg CE/g)的总黄酮含量低于未成熟小麦(4.73 mg CE/g)和蒸熟未熟小麦(3.70 mg CE/g)。使用未成熟小麦或蒸熟的未成熟小麦作为食物可能会对健康有益,黄酮类化合物是有效的抗氧化剂。

另外,3 个样品中生育酚的含量见表2-6。3 个样品中 α-生育酚、β-生育酚、α-生育三烯酚和 β-生育三烯酚的含量不同。研究测定的 α-生育酚和 β-生育酚的含量分别在

0.39~2.4 mg/100 g 和 0.33~0.64 mg/100 g。α-生育三烯酚和 β-生育三烯酚的含量分别在 0.16~0.64 mg/100 g 和 1.31~2.13 mg/100 g。然而,γ-生育酚、δ-生育三烯酚和 γ-生育三烯酚和 δ-生育三烯酚在所有被测样品中均未检出。研究报告的维生素 E 总含量为 2.18~5.81 mg/100 g。研究中的维生素 E 含量高于 6 个全麦品种的 1.34~1.96 mg/100 g,低于硬粒小麦和软质小麦的 6.06~7.43 mg/100 g。与前面提到的酚类化合物和类黄酮不同,成熟小麦中维生素 E 的含量高于未成熟小麦和蒸熟未成熟小麦。成熟小麦中的生育酚含量高于未成熟小麦。另外,蒸熟未成熟小麦的维生素 E 含量在三个样品中最低,说明其易受水分的影响。

2.抗氧化能力

由氧化自由基吸收能力(oxygen radical absorbance capacity,ORAC)测定的小麦样品中游离和结合提取物的总抗氧化能力值,3 个样本的结合抗氧化能力指数($ORAC$ 值)有显著差异($p<0.001$),而自由酚提取物 $ORAC$ 值在 3 个样本之间没有差异(图 2-3)。结合酚提取物的 $ORAC$ 值以未成熟小麦(66 μMTE/g)最高($p<0.001$),其次是蒸熟未成熟小麦(57.5 μMTE/g)和成熟小麦(50.3 μMTE/g)。含有较高酚类含量的小麦样品具有较高的 $ORAC$ 值。通常认为总酚含量与总抗氧化活性直接相关。研究结果表明,结合 $ORAC$ 值与游离和结合酚含量高度相关($r=0.771$ 和 $r=0.923$),证实了之前的报告。所有这些研究都报道了 TPC 与抗氧化活性之间的高度相关性。研究中小麦样品的总 $ORAC$ 值范围为 54.8~71.8 μMTE/g,各样品之间具有显著的统计学差异($p<0.001$)。

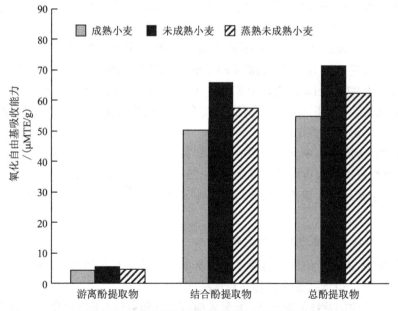

图 2-3　酚类提取物的氧化自由基吸收能力

3.抗增殖活性

在目前的研究中,游离酚类或黄酮类化合物可能对 HeLa、HT-29 和 Caco-2 细胞的增殖有一定的抑制作用。三个小麦样品中 HT-29、Caco-2 和 HeLa 细胞的相对增殖率存在差异($p<0.001$)。三个小麦提取物样品对 HT-29 和 HeLa 细胞生长的抑制作用比对 Caco-2 细胞的抑制作用更强。研究结果显示,40 mg/mL 未成熟小麦提取物对 HT-29 和 HeLa 细胞的增殖抑制率约为 50%。在 60~100 mg/mL 的小麦提取物中,未成熟小麦提取物比成熟小麦的细胞增殖降低了 1/2。在三个小麦提取物样品中,成熟小麦提取物对细胞增殖的抑制作用相对较小。未成熟小麦提取物对 HeLa 细胞的 $EC50$ 为 31.4 mg/mL,蒸熟未成熟和成熟小麦提取物的 $EC50$ 分别为 45.2 mg/mL 和 56 mg/mL。未成熟和成熟小麦提取物对 HT-29 细胞的 $EC50$ 分别为 39.3 mg/mL 和 73.7 mg/mL。Caco-2 细胞的 $EC50$ 值最高,表明该细胞系的抗增殖活性相对较低。

许多研究报告指明,具有抗氧化活性的食物具有防癌作用,这表明谷物中的天然抗氧化剂可以抑制癌细胞生长。在研究中发现,未成熟小麦表现出较高的抗氧化能力和抗增殖活性,表明未成熟小麦具有一定的抗氧化能力和抗癌作用。

4.小麦样品酚类、黄酮类、维生素 E 含量、抗氧化能力与抗增殖活性的关系

总结 3 种小麦样品中酚类、黄酮类和维生素 E 含量、抗氧化能力与抗增殖活性之间的相关系数(r)(表 2-7)。游离 $ORAC$ 值与结合酚含量($r=0.796$)、结合类黄酮含量($r=0.815$)和结合 $ORAC$ 值($r=0.720$)相关,而与维生素 E 的相关性较低。结合 $ORAC$ 值与结合酚含量($r=0.923$)和结合类黄酮含量($r=0.923$)呈强相关。据报道,小麦的大部分抗氧化能力可能来自不溶性结合组分。全谷物对健康的影响通常与其植物化学物质的抗氧化活性有关。研究发现,对 HT-29、Caco-2 和 HeLa 细胞的抗增殖活性与结合酚类含量(Caco-2 细胞 $r=0.967$;HT-29 细胞 $r=0.969$;HeLa 细胞 $r=0.938$)和结合类黄酮含量(Caco-2 细胞 $r=0.909$;HT-29 细胞 $r=0.963$;HeLa 细胞 $r=0.872$)之间有很强的相关性。此外,抗 HT-29、Caco-2 和 HeLa 细胞的增殖活性与游离 $ORAC$ 值(Caco-2 细胞 $r=0.758$;HT-29 细胞 $r=0.787$;HeLa 细胞 $r=0.696$)和结合 $ORAC$ 值(Caco-2 细胞 $r=0.871$;HT-29 细胞 $r=0.978$;HeLa 细胞 $r=0.871$)。总的来说,研究结果表明,与成熟小麦相比,未成熟小麦具有较高的酚类和黄酮类化合物含量以及抗氧化和抗增殖活性,这意味着未成熟小麦具有一定的保健作用。

研究表明,未成熟小麦含有较多的多酚和黄酮类化合物,抗氧化能力强于成熟小麦。此外,未成熟小麦提取物对结肠癌细胞(HT-29 和 Caco-2 细胞)和宫颈癌细胞(HeLa 细胞)的生长抑制作用强于成熟小麦提取物。本研究结果可为今后研究未成熟小麦的保健功能提供参考。

5.青麦仁的益生元潜力及胃肠道效应

在营养学中,人们意识到食物除了提供基本营养外还有其他益处,并提出了"功能性食品"的概念,即可以增强健康的食品和食品成分。

在具有公认功能特性的成分中,低聚果糖(FOS)和菊糖(不可消化的果糖聚合物)被归类为"益生元",因为它们能够刺激结肠中双歧杆菌的生长和活性,可能改善宿主健康。许多动物模型和人体研究表明,低聚果糖和菊糖可降低结肠癌发生的风险,增强矿物质吸收,调节脂质代谢和参与食欲调节的胃肠肽的分泌。

表2-7　酚类、黄酮类、维生素E含量、抗氧化活性和抗增殖活性之间的相关系数

变量	F_PC	B_PC	F_FC	B_FC	α-T	β-T	α-T3	β-T3	F_ORAC	B_ORAC	HeLa	HT-29	Caco-2
F_PC	1												
B_PC	0.686*	1											
F_FC	0.42	0.718*	1										
B_FC	0.674*	0.892***	0.487	1									
α-T	0.466	0.27	0.284	0.618	1								
β-T	0.387	0.024	0.404	0.369	0.933***	1							
α-T3	0.504	0.333	0.214	0.666	0.997***	0.922***	1						
β-T3	0.416	0.034	0.325	0.355	0.894***	0.990***	0.890***	1					
F_ORAC	0.303	0.796**	0.484	0.815**	0.413	0.195	-0.462	0.19	1				
B_ORAC	0.771*	0.923***	0.488	0.923***	0.492	0.258	0.537	0.24	0.720*	1			
HeLa	0.609	0.93***	0.675*	0.872**	0.291	0.051	0.352	0.061	0.696*	0.871***	1		
HT-29	0.736*	0.969***	0.58	0.963***	0.464	0.209	0.517	0.2	0.787*	0.978***	0.925***	1	
Caco-2	0.696*	0.967***	0.770*	0.909***	0.277	0.04	0.343	0.06	0.758*	0.871***	0.913***	0.944***	1

注:F_PC 为游离酚含量;B_PC 为结合酚含量;F_FC 为游离黄酮含量;B_FC 为结合黄酮含量;α-T 为α-生育酚含量,α-T 表示α-生育酚,β-T 表示β-生育酚;α-T3 表示α-生育三烯酚;β-T3 表示β-生育三烯酚;HeLa、HT-29 和 Caco-2 为用 40 mg/mL 小麦提取物处理 HeLa、HT-29 和 Caco-2 细胞的相对增殖抑制率。

在谷类作物籽粒中,低聚果糖在籽粒灌浆过程中积累水平较高,尤其是在乳熟期生理阶段(开花后 2~3 周)。此后,每粒种子的含量迅速减少。青麦仁中的低聚果糖是具有 β2-1 和 β2-6 果糖基果糖键和低聚合度的支链分子。与完全成熟的小麦相比,未成熟小麦籽粒(青麦)含有较少的淀粉,降低了酶消化的可用性以及更多的纤维和可溶性糖。

青麦仁的总蛋白质含量与晚熟小麦相似,主要是氨基酸组成平衡的蛋白,不含醇溶蛋白。未成熟小麦籽粒中含有大量的维生素 C 和抗氧化剂分子。因此,青麦仁是一种具有有趣功能特性的创新原料,不仅是一种天然的低聚果糖来源,而且还是一种具有其他潜在营养特性的基质。关于青麦仁产品对人体胃肠道的影响,目前仅有少量的数据可用。因此,研究目的是评价青麦仁对人体结肠菌群和胃功能的影响。

根据最近发布的益生元评估和证实指南,有研究采用体外方法研究青麦仁的益生元潜力。采用"回肠造口模型"获得一种小肠代表培养基,接种人粪浆,以评估因食用青麦仁引起的肠道菌群变化。此外,由于结肠发酵会降低胃张力,可能会延迟下一餐的胃排空并调节饱腹感。

鉴于发酵实验中评估的微生物数量的变化,也期望微生物代谢指标如 SCFA 的变化。然而结果显示,在青麦或对照混合发酵 24 h 后产生的乙酸、丙酸和丁酸盐的相对比例只有轻微和不显著的差异。在青麦发酵液中,评估了醋酸盐:丙酸盐:丁酸盐 = 75:12:13。此外,在对照发酵液中,检测到较高水平的丁酸盐,可能与对照混合物中评估的高淀粉含量有关。结果显示,不同粪便样本用作接种物时,具有很高的可变性,表明青麦倾向于维持醋酸盐的产生,与乳酸菌数量显著相关。醋酸盐的产生可以对葡萄糖代谢产生积极的健康影响。实验数据表明,血浆乙酸酯水平的增加促进了对脂分解的抑制,从而导致循环中游离酯类酸的下降。有人认为,通过对葡萄糖/酯类酸循环的作用,醋酸抑制游离酯类酸可提高肌肉组织对葡萄糖的摄取,从而对葡萄糖代谢产生积极影响。

肠道菌群失调会造成肠道功能紊乱,产生便秘或腹泻等症状。维持肠道菌群在数量上和分布上的平衡状态,对维护机体健康具有重要意义。肠道益生菌占优势时,能产生有益于健康的全身效应,主要表现在以下几方面:益生菌通过与肠黏膜上皮细胞特异性结合,占据肠黏膜表面,形成一个菌膜屏障,构成肠道的定植抗力,阻止外界致病菌、肠道潜在致病菌的定植和入侵,减少内源性毒素的产生,防止肠道致病菌越过肠黏膜屏障引起脏器感染。双歧杆菌等益生菌在增殖的同时,还会产生有机酸(如醋酸、乳酸、丙酸、丁酸)等,使肠内 pH 值降低,也可抑制外源致病菌和肠内固有腐败细菌的生长繁殖,减少肠内腐败物质(如氨、胺、硫化氢、吲哚)的生成,维持肠道微生态平衡,从而充分发挥肠道的天然屏障功能。

陈亚非等的研究,采用的复合膳食纤维产品主要是由低聚果糖(短分链)、小麦纤维、大豆纤维和水果纤维组成的,主要功效成分是水溶性膳食纤维——低聚果糖和不溶性膳食纤维。据测定,产品中低聚果糖和不溶性膳食纤维分别占 40% 和 30%。该研究中,人体实验试食组人群每天食用 1 袋复合膳食纤维产品,相当于摄入 4 g 低聚果糖和 3 g 不溶性膳食纤维。低聚果糖(短分链)被称为双歧杆菌增殖因子,不易被胃肠道消化酶分解,几乎未受影响地进入大肠,而被肠内固有的双歧杆菌、乳酸杆菌等有益菌群选择性利用,从而促使这些益生菌生长增殖,是一种益生元。低聚果糖(短分链)具有调节肠道菌群的作用已被大量实验研究所证实,该研究通过动物实验和人体试食实验亦证实了这一点。

对受试者在实验期间的精神、睡眠及大小便情况进行观察,并对受试者进行血常规、尿常规、便常规、血液学指标、生化指标及心电图、B超检查(肝、胆、脾、肾)和胸透检查。发现试食组人群服用复合膳食纤维产品后,部分受试者有排气现象,未观察到对健康的不良反应,受试人群试验后血、尿、便常规指标均正常。依据《保健食品检验与评价技术规范》(2003年版)中调节肠道菌群功能判定方法可知,该复合膳食纤维产品具有调节人体肠道菌群的功能。

研究发现,水溶性膳食纤维+不溶性膳食纤维的复合物比只含水溶性膳食纤维的更有益于促进肠道健康,可能是因为不溶性膳食纤维能改善便秘,防止肠道内有害菌群的大量增殖和有毒代谢产物的过度积聚,有助于恢复并保持肠道自净功能,进而有助于促进肠道益生菌的生长繁殖。从这个角度来说,不溶性膳食纤维可能间接具有调节肠道菌群的作用。

许多因素可以影响肠道菌群的生存情况,如年龄、损伤、应激、膳食、抗生素的使用、情绪等,所以老年人、长期服用抗生素者、工作生活紧张者、膳食纤维缺乏者、胃肠道疾病患者等容易出现肠道菌群失调。肠道菌群失调会导致肠道屏障功能受损或出现障碍。肠道黏膜的屏障功能受损后要恢复到原来的正常水平,通常要花费相当长的一段时间。因此建议平时应注意起居饮食有规律,并经常摄入一些富含膳食纤维的食物,特别是含有益生元(如低聚果糖)的食物或食品。一旦出现肠道菌群失调,应及时加以调理和改善,例如可以通过服用具有调节肠道菌群功能的保健食品来恢复并维护肠道健康。

6.青麦(未成熟小麦)的其他药用价值

小麦性凉,味甘,具有除热、止燥渴咽干、利小便、养肝气的功效。用于食疗,北方小麦最好,其性平和,有养心、安神之功效,可治疗烦躁不安、心悸失眠等。

(1)静心安神　面包和点心,尤其是全麦面包是抗忧郁食物,对缓解精神压力、紧张等有一定的功效。进食全麦食品,可以降低血液中的雌激素含量,达到防治乳腺癌的目的。对于更年期妇女,食用未经加工的小麦能够缓解更年期综合征。

(2)美容护肤　小麦粉有嫩肤、除皱、祛斑的功效。法国一家面包厂的工人发现,无论工人年纪多大,手上的皮肤也不松弛,甚至还娇嫩柔软,原因就是他们每天都要揉小麦粉。从小麦胚芽中提取的胚芽油可调节内分泌,恢复皮肤对色素的排泄功能,防止色斑出现;可促进皮肤的新陈代谢,促进老化皮肤更新;抗氧化,减少过氧化脂质生成,增加保湿功能。

(3)抗癌作用　小麦中的不溶性膳食纤维可以预防便秘和癌症。小麦胚芽含有一种含硫抗氧化物——谷胱甘肽,在硒元素的参与下生成氧化酶,使体内的化学致癌物质失去毒性,并且可以保护大脑,促进婴幼儿生长发育。

(4)降脂作用　小麦富含锌元素,所含的膳食纤维具有降低胆固醇、预防糖尿病的功效。小麦胚芽对肠内有益菌群的发育也起着促进作用。

未成熟的嫩麦粒经晒干后可制成浮小麦,因入水中淘洗时,常飘浮于水面,通常称为"麦鱼"。将浮小麦采摘晒干,即可入药。我国大部分地区均有栽培,以质硬、断面白色,粉性,气弱,味淡,无异味者为佳。收获时,扬起其轻浮干瘪者,或以水淘之,浮起者为佳,晒干。生用,或炒用。

中医认为,浮小麦味甘性凉,可入心经,能止汗。李时珍《本草纲目》中记载:"浮小麦能益气除热,止自汗盗汗、骨蒸虚热、妇人劳热"。人在炎热的夏季运动和吃饭时出汗是正常现象,而且可以通过出汗,达到调节体温、排除代谢废物的目的,但如果总是出虚汗则属病态,必须按汗病治疗。

张仲景《金匮要略》当中也有浮小麦的相关功效记载,其有益气、除热、止汗之功效,用于自汗、骨蒸劳热、盗汗等功效。浮小麦常用于下面几种情况当中:①善养心气,润燥除烦,治疗神经官能症之头眩健忘,心悸怔忡,心神烦乱,夜眠不实,多梦,常用浮小麦大枣汤加柏子仁、炒枣仁、远志、桂圆肉等。②小儿夜啼,自汗、盗汗惊悸,常以浮小麦大枣汤加茯神、石菖蒲、龙骨等。③缓急镇咳,"甘能缓急",有缓解急迫的作用。《金匮要略》中记载:"咳而脉浮者,厚朴麻黄汤主之。"方中浮小麦起缓急镇咳作用,临床也常用于治冲咳,痉咳。④善于养心,而"汗为心液",浮小麦擅长敛虚汗,治烦热,极有功效。⑤麸皮对血糖有明显降低作用,可用于治疗糖尿病。⑥苗也可药用,可治疗黄疸。⑦炒后研末,冲服可治血淋、尿血,有一定功效。

第三节　青麦仁的风味物质与感官分析

麦仁因其碧绿的色泽,独特的口味,已成为普通家庭、宾馆餐桌上的时令食品。它属于绿色新型产品,含有丰富的维生素 B_1、维生素 B_2、维生素 B_6、胶原蛋白、谷固醇及多种人体必需的氨基酸、卵磷脂,能促进人的大脑细胞正常代谢,可增强人的体力和耐力。其研发和生产对提高农民收入、增加企业经济效益、合理利用资源、提高粮食综合利用、推动小麦粮食加工业的快速发展和小麦产业升级等具有十分重要的经济和社会意义。现在市场上存在的青麦仁类产品,风味物质比较单一,没能形成一类有竞争力的产品去吸引消费者。麦仁香是一种令人愉悦的香气,由于青麦香气在空气中难以持久,在加工过程中容易受到温度、压力等因素的破坏。因此,本文考虑选择人工复配香精来增加青麦仁的风味,以期达到不影响食品口感的前提下,对青麦仁进行整体提香。另外,由于青麦仁的独特香气深受人们的喜爱,也可将该香精用于食品中,从而创造更大的市场和更广阔的前景。

一、风味与感官分析方法

1.煮后青麦仁所含风味物质的分析

取在 100 ℃下煮制 10 min 的 2.00 g 青麦仁粉碎,过 80 目筛网,加入顶空萃取瓶,在

50 ℃水浴中用 SPME 固相微萃取仪提取香气,然后,进入气相色谱-质谱联用仪(GC-MS)进行分析。

2.气相色谱条件

采用柱温升温程序:起始柱温 0 ℃,保持 2 min,以 5 ℃/min 升温至 150 ℃,保持 2 min;进样口温度 230 ℃,解析 3 min;载气为高纯氦气,柱流量 1.0 mL/min,分流比10:1。

3.质谱条件

传输线温度 250 ℃;离子源温度 230 ℃;电子能量 70 eV;质量扫描范围(m/z)33～500 m/z。

4.青麦仁原料的感官品质对比分析

分别选取若干青麦仁粒、玉米粒及青豌豆粒,剔除不饱满、有虫斑、病斑的籽仁,取 4～6粒放置于培养皿中,各培养皿所盛样品数量均匀一致,对各培养皿进行编号,一次性送样品尝。

品尝时选取实习小组中识别能力强的人员(3～5 人)组成评定小组,评定人员一般于下午2点钟左右在实验室里进行品尝,每品尝一个样品后,用 25 ℃左右的温开水漱口,然后根据制定的鲜食谷物生食口感评价标准来填写感官品质评价表。

鲜食谷物生食口感评价标准如下:

(1)一级感官性状

1)粒型外观形状　青麦仁椭圆形,青豌豆圆形,玉米饱满、扁平、四棱形到明显的畸形,开裂。分为优良(5分)、较好(4分)、一般(3分)、较差(2分)、低劣(1分)。

2)粒色　青麦仁浅绿色、青绿色,青豌豆绿色、深绿色,玉米黄色、金黄色到色泽暗淡、有杂色、油斑。分为优良(5分)、较好(4分)、一般(3分)、较差(2分)、低劣(1分)。

3)生食口感　口感细腻、咀嚼适口到过于粗糙或过于软腻、咀嚼感差。分为优良(5分)、较好(4分)、一般(3分)、较差(2分)、低劣(1分)。

(2)二级感官性状

1)甜味　非常强(5分),较强(4分),有一点(3分),极弱(2分),无(1分)。

2)苦味　非常强(1分),较强(2分),有一点(3分),极弱(4分),无(5分)。

3)硬度　非常强(1分),较强(2分),有一点(3分),极弱(4分),无(5分)。

4)黏性　非常强(5分),较强(4分),有一点(3分),极弱(2分),无(1分)。

二、结果与分析

1.煮后青麦仁的香气分析

通过 GC-MS 对煮后青麦仁的香气分析,用谱库检索进行鉴定,其总离子流色谱图见图 2-4 及香气成分见表 2-8。

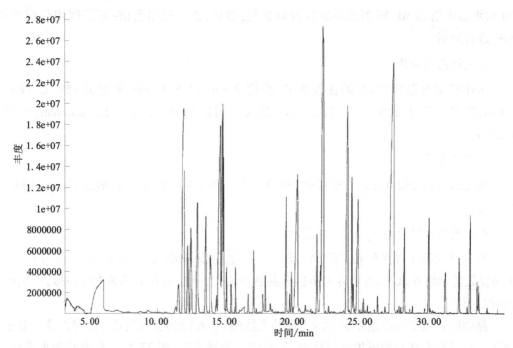

图2-4 煮后青麦仁香气成分的总离子流色谱图

表2-8 煮后青麦仁的香气成分

保留时间/min	峰号	总量	匹配度	中文名称
6.897	7	9.05%	855	正己醇
13.102	23	0.86%	804	1-辛烯-3-酮
13.401	26	0.67%	807	6-甲基-5-庚烯-2-酮
13.52	27	2.70%	891	2-戊烷呋喃
13.747	28	1.14%	810	2-乙基-6-甲基吡嗪
14.459	32	0.84%	882	1-甲基-4-(1-甲基乙烯基)环己烯
14.719	34	0.78%	887	D-柠檬烯
15.228	39	1.59%	916	苯乙醛
15.715	41	0.82%	820	E-2-辛烯醛
16.386	44	2.75%	904	3-乙基-2,5-二甲基吡嗪
17.179	50	3.75%	910	壬醛
18.867	62	1.56%	839	(Z)-2-壬醛
19.548	65	1.28%	930	甘菊环烃
20.043	69	3.18%	910	十二烷
20.343	71	0.24%	815	1-乙酯-2,4,5-三甲基苯
21.483	78	0.41%	838	2-乙酯-1,3,5-三甲基苯

续表 2-8

保留时间/min	峰号	总量	匹配度	中文名称
22.348	85	1.03%	879	五甲基苯
22.556	86	0.12%	866	1-甲基萘
22.721	87	2.10%	860	2-甲基萘
22.863	88	0.55%	827	2,6,11-三甲基十二烷
23.188	89	0.93%	906	2-甲基萘
24.281	96	1.27%	890	蒎烯
25.803	106	0.28%	857	长叶烯
25.974	107	0.34%	882	雪松烯
26.147	109	1.91%	899	石竹烯
26.887	111	0.54%	864	香叶基丙酮
27.24	114	0.18%	825	1H-环己烯[1,3]环己烯[1,2]苯
30.364	126	0.33%	815	氧化丁香烯
30.626	127	0.26%	874	雪松醇
31.995	128	0.08%	856	丙氧基柏木烷

从表 2-8 可以看出,煮制青麦仁香气成分中共鉴定出 30 种物质,这些物质由 4 种烷烃、9 种烯烃、4 种醛类、2 种酮类、3 种杂环类、6 种芳香族类、2 种醇类组成。其中烷烃占5.09%、烯烃占 6.73%、醛类占 7.72%、酮类占 2.07%、杂环类占 6.59%、芳香类占 3.98%、醇类占 9.31%,它们共占总峰面积的 41.49%。其中占据主要优势的是醇类、醛类、烯烃及杂环类物质。醇类气味不一,主要是正己醇,存在于柑橘类、浆果等中,多种精油都含有这种成分,参与香料的配置,该物质含量较低时具有令人愉悦的青草香味,但含量过高会产生负面的酸败味道;杂环类物质中如甲基吡嗪具有坚果香,烤肉,75 mg/kg 的溶液具有坚果及烘烤食品的味道,而 2-戊烷呋喃具有特殊气味;烯烃中 D-柠檬烯有新鲜橙子香气及柠檬样香气;长叶烯存在于多种天然精油中用于香精的调配可代替某些价格昂贵的香料;石竹烯则具有温和的丁香香气。

2.青麦仁原料的感官品质

鲜食谷物的理化指标可以反映鲜食谷物品质的优劣,但是对于消费者来说,除了要求鲜食谷物富含营养外,还要求鲜食谷物的感官品质能够满足人们的味觉需求。

随着时代的变迁,消费者对食品的要求越来越高,从填饱肚子逐渐过渡到了不仅要满足饥饿的需求,还要求食品的外观包装是否美观、食味是否美味、食品本身是否绿色健康以及能否满足人体日常所需的多种营养素。所以对鲜食谷物感官品质的测定很有必要。根据此次对三种鲜食谷物的感官品质的测定结果,青麦仁的整体食味是微甜,略带苦涩,硬度适中,黏性不高;玉米的整体食味是甜味,不苦,硬度适中,黏性略高;青豌豆的整体食味是甜味极弱,不苦,硬度适中,黏性略高。三种鲜食谷物的感官具有互补性,可以单独作为研究开发对象,也可以相互结合研制复合的鲜食谷物食品。如表2-9、表2-10所示。

表2-9 鲜食谷物的感官品质测定结果

鲜食谷物	平均数±标准差	变幅
青麦仁1	22±1.41	22~23
青麦仁2	23±1.41	23~24
青豌豆	26±1.41	25~27
玉米	29±1.73	28~30

表2-10 鲜食谷物各项感官平均得分

鲜食谷物	一级感官性状			二级感官性状			
	粒型	粒色	口感	甜味	苦味	硬度	黏性
青麦仁	4.7	4.7	4.3	3.0	2.3	2.3	1.3
玉米	5.0	4.3	5.0	4.7	4.3	2.3	3.3
青豌豆	5.0	4.7	4.0	2.3	4.3	2.3	3.3

第三章　青麦仁和青麦仁粉的加工工艺与设备

第一节　青麦仁的加工工艺与设备

小麦生长至乳熟期时,麦仁颗粒饱满、色泽碧绿,有着独特的口味和清香,成为人们餐桌上受欢迎的时令食品。此时,其蛋白含量较高,淀粉尚未完全形成,富含多种游离氨基酸和维生素,较易被人体吸收利用,是一种营养价值较高的全谷物食品。鲜食青麦仁由于受季节性限制,只能在夏季较短的时间销售,因为青麦仁采收后酶的活性仍较强,呼吸消耗也很大,同时失去植株光合产物的供给,只能消耗自身的糖分和有机物,青麦仁的品质在存放过程中迅速下降,表现为口感差、清香味消失。因此在加工中,青麦仁的营养成分是否改变,又是怎样改变的,如何尽可能保持其营养成分成为需要特别关注的事情。

一、青麦仁的加工工艺

青麦仁常见的加工流程如下:

原料青麦仁→脱壳→预处理→烫漂→预冷→速冻→装袋→低温储藏

具体的操作要点如下:

(1)脱壳与清洗处理　根据本实验所用青麦仁数量,采用机器揉搓脱壳,然后洗去青麦仁表面尘土、麦壳等杂质。

(2)烫漂与预冷　选取青麦仁 1 000 g,采用水煮漂烫,漂烫温度控制在 100 ℃,漂烫时间为 5~15 min。漂烫后立即进行冷却,冷却介质温度要低,循环速度要快,可将青麦仁投入流动冷水中反复冷却至青麦仁表面温度降到 10 ℃以下。

(3)速冻　将漂烫预冷后的青麦仁进行速冻,用速冻温度(-20~-40 ℃)进行青麦仁的速冻处理,速冻过程中用数字温度计测量青麦仁的中心温度,以监测青麦仁中心温度的变化情况,以中心温度达到-18 ℃为速冻终点。

(4)储藏　选取在最佳速冻温度下速冻后的青麦仁进行冻后储藏试验,在-18 ℃储藏,储藏期间每隔一周进行水分、总糖、可溶性蛋白质、粗酯类、叶绿素含量的测定,根据实验测定结果来判断最佳的冷藏温度。

二、加工工艺说明及设备

1.青麦加工的前处理

青麦加工前首先要对籽粒进行清理,这是保证食品安全的第一环节,也是保证青麦产品品质的基础。

清理的目的:青麦加工的前处理就是将混于青麦籽粒中的各种杂质清理去除。青麦麦成熟后,在收割、晾晒、脱粒、运输、转运、储藏过程中往往会混进许多杂质,如枯叶、柴草、草籽、秸秆碎段、土块、石子、虫卵、铁钉、尘土等,这些杂质的存在不仅对后续加工造成麻烦,如损坏设备、加速磨损机器部件,还会对食品的安全造成极大隐患。另外经过一段时间储存,还会出现虫蚀粒、霉变粒、鼠类侵害、鸟粪等。清理的目的就是要从青麦籽粒中彻底去除这些杂质。清除各类无机杂质(枯叶、柴草、草籽、秸秆碎段、土块、石子、虫卵、尘土等)、矿物杂质(铁块、煤渣、金属物等)、有机杂质(生芽粒、虫卵、病虫粒、霉变粒、鼠屎、鸟粪等)。这样才能保证青麦籽粒后续加工的产品食用安全,符合食品安全标准,也不至于由于矿物杂质混入使机器设备遭受损坏。

青麦加工前的清理绝非可有可无,这一关一定要把好,要充分重视,有切实可行的手段,做到尽量将各类杂质去除干净。这不仅是关乎产品品质、口感、味觉等直观质量,更重要的是关乎食品安全和消费者健康的大事。

清理的基本方式有人工清理和机械清理。机械清理就是用粮食加工的各种清理设备去除青麦籽粒中的杂质,主要清理机械有振动清理筛、吸式比重去石机、旋风除尘系统、除铁器、抛光机等。

(1)振动清理筛　振动清理筛是常用的除杂设备,由两层筛网组成,上层为大于麦籽粒的钢板网并且有筛网的前后过度以利物料流动,下层为小于麦籽粒的钢板网,通过振动电机形成抛物振动,物料抖动着从筛子进料口走向出料口,在这一过程中大于和小于麦籽粒的杂质被分离去除,在筛子出口处有一吸风道,来自于旋风除尘系统的负压将和麦籽粒大小相当的轻质杂质和尘土抽走。

(2)比重去石机　比重去石机借助振动运动,调节气流和调节筛面倾斜度来进行粮食和砂石的分离。粮食是由粒度和比重不同的颗粒组成的散粒体,在受到振动或以某种状态运动时,各种颗粒会按照它们的比重、粒度、形状和表面状态的不同而分成不同的层次。如图3-1,比重去石机工作时,物料从进料斗不断进入去石筛面的中部,由于筛面的振动和穿过物料层气流的作用,使颗粒间的孔隙度增大,物料处于流化状态,促进了自动分级,比重大的石子沉入底层与筛面接触,比重小的粮食浮向上层,在重力、惯性力和连续进料的推动下,下滑到净粮出口;而比重大的石子在筛面振动系统惯性力和气流的作用下,相对去石筛面上滑,经聚石区移向精选区。精选区的精选室由风机引进一股气流沿弧形通道向筛面前方反吹,将石子中含有的少量粮粒吹回聚石区,避免同石子一起排出。

图 3-1　吸式比重去石机

(3)旋风除尘系统　如图3-2,旋风除尘系统由旋风除尘器、低压鼓风机、闭风器和风网管道组成。旋风除尘器是利用离心力来除尘的,当含尘气流由进气管进入旋风除尘器时,气流将由直线运动变为圆周运动。密度大于气体的尘粒与器壁接触便失去惯性力而沿壁面下落,进入排灰管。旋转下降的外旋气流在到达锥体时,因圆锥形的收缩而向除尘器中心靠拢。当气流到达锥体下端某一位置时,即以同样的旋转方向从旋风除尘器中部由下而上继续做螺旋形流动。最后净化气经排气管排出器外。

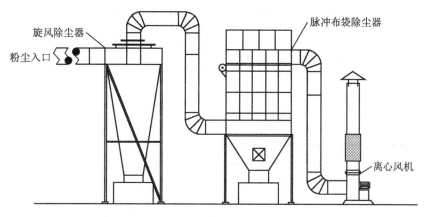

图 3-2 旋风除尘系统

2.烫漂处理技术

(1)烫漂的作用与研究方向 烫漂处理是蔬菜和水果加工中主要的工艺之一,其目的是钝化果蔬中的氧化酶,防止品质劣变。烫漂通常是在接近沸点的热水中进行,导致产品质地下降。烫漂处理能激活果胶甲酯酶(PE)活性,其产物经由不同途径形成大分子果胶,改善了漂烫后或最终产品的质地。

烫漂的基本方法有两种,即热水烫漂和蒸汽烫漂。热水烫漂的用水应符合生活饮用水质标准,多为软水,水温为 80~100 ℃,生产中常用 93~96 ℃。烫漂时间依据蔬菜种类和水温不同而异。由于水的热容量大,传热速度快,因而烫漂时间较同温下蒸汽烫漂的要短,而且具有使蔬菜温度均匀升高,适用的品种较多,操作简单,不需大的设备投资等优点,但也存在用水量大、蔬菜营养成分损失较多、失水率高和手工劳动强度大等缺点。蒸汽烫漂常用高温水蒸气或水蒸气与空气混合气作为加热介质。蒸汽热烫方法对食品的细胞组织的破坏性比较小,可以相应的减少水溶性营养成分损失,也可以保持较好食品的风味。但是这个方法也有热量损失较大、烫漂不很均匀、水蒸气易在食品表面凝结和设备投资大等缺点。

近几年来烫漂方法向快速、节能和操作控制方便的方向发展,其中高温瞬时蒸汽烫漂、微波烫漂和常温酸烫漂为主要代表。高温瞬时蒸汽烫漂是指采用高压高温水蒸气短时间(5~60 s)加热以达到烫漂效果,粮食果蔬汁液损失减少并改善其质构、热利用率高(80%)、节约能源。常温酸烫漂主要用于易发生褐变、含有大量的多酚氧化酶的果蔬类。用 pH＝3.5、0.05 mol/L 柠檬酸溶液中处理数分钟,由于低 pH 值和柠檬酸的作用破坏了酶的三级结构,并且柠檬酸络合多酚氧化酶的中心金属离子,使酶失活烫漂的检验无论采用何种烫漂方法,都必须严格控制烫漂的时间和烫漂的温度。因为烫漂温度和时间不足,不仅没有使酶完全失活,而且使得食品的内部组织遭到加热的破坏。这种情况下,速冻的粮食果蔬在冻藏中将发生更恶劣变化。烫漂过度,组织破坏严重,质地过软,蔬菜的绿色变为橄榄色甚至褐色,也浪费能源。

(2)烫漂工艺对青麦仁品质的影响 预处理后的青麦仁在不同漂烫时间下其品质变化的结果见表3-1、表3-2。

表3-1 不同漂烫时间对青麦仁营养品质的影响

烫漂时间 /min	水分 /(g/100 g)	总糖 /(g/100 g)	可溶性蛋白 /(mg/g)	粗酯类 /(g/100 g)	叶绿素 /(mg/g)
5	52.5	2.9	0.57	0.15	0.020
10	54.4	2.6	0.53	0.12	0.017
15	57.0	2.5	0.49	0.09	0.015

表3-2 不同漂烫时间对青麦仁外观品质的影响

烫漂时间/min	外观品质
5	颜色翠绿,无破碎籽粒
10	颜色黄绿,有少许破碎籽粒
15	颜色发黄,破碎籽粒较多

由表3-1、表3-2可以看出,随着漂烫时间的延长,青麦仁的水分含量逐渐升高,其总糖、可溶性蛋白质、粗酯类、叶绿素含量略有下降。漂烫5 min,青麦仁颜色仍然保持翠绿色,而且无破碎籽粒;烫漂10 min,青麦仁颜色开始变黄,失去原有的翠绿色,而且青麦仁籽粒有开裂现象;漂烫15 min,青麦仁颜色完全变黄,而且破碎籽粒较多。因此,从青麦仁的营养品质和外观品质来看,100 ℃沸水中漂烫5 min为合适的烫漂时间。

烫漂温度对青麦仁营养成分的影响见表3-3。热烫会使青麦仁中的营养成分都有损失,虽然很多营养成分的损失较小,但是有些营养成分(如灰分、膳食纤维、维生素C等)在烫漂过程中损失较大。随着烫漂温度的升高,维生素C的含量逐渐下降,烫漂温度为65~85 ℃时,维生素含量下降十分明显;烫漂温度为85~100 ℃时,维生素C的含量下降速率较小。灰分在进行烫漂的过程中下降了5%多。而烫漂温度的改变并没有使灰分损失更多或者保留更多。膳食纤维同灰分相似,在烫漂过程中,损失了将近3%,但烫漂温度的改变并没有使膳食纤维损失更多。

表3-3 烫漂温度对青麦仁营养成分的影响

营养成分	65 ℃	75 ℃	85 ℃	95 ℃	100 ℃
蛋白质/%	12.71	12.69	12.66	12.65	12.64
酯类/%	1.43	143	1.42	1.42	1.43
总淀粉/%	63.37	63.38	63.35	63,41	63.41
灰分/%	1.61	1.6	1.61	1.6	1.59
膳食纤维/%	12.3	12.26	12.29	12.27	12.28

续表 3-3

营养成分	65 ℃	75 ℃	85 ℃	95 ℃	100 ℃
直链淀粉/%	14.41	14.45	14.44	14.45	14.43
支链淀粉/%	48.76	48.93	48.91	48.96	48.98
总叶绿素/(mg/100 g)	8.79	8.87	9.21	9.62	9.61
醇溶蛋白/%	4.93	4.9	4.92	4.92	4.93
麦谷蛋白/%	1.57	1.57	1.56	1.55	1.56

3.青麦仁的保鲜技术

由于新鲜青麦仁是从麦子开始灌浆时的麦穗进行采摘的,尚未完全成熟,常温下长时间放置会慢慢变得发黄、干瘪,其口感和营养价值便会丧失,也就失去了食用的价值。为解决麦仁产品不宜长期存放和远距离运输的难题,除了需要在生产上分期播种、分期采收外,还必须对鲜食青麦仁进行保鲜加工处理。各种加工技术对食品营养素均有不同的影响,但是现代食品高新技术的应用正在减轻对食品营养素的不良影响。随着食品高新技术的开发应用范围拓宽和深入,它对提高食品生产率,改善食品品质,开发新产品,尤其对保持食品的营养成分具有重要作用。

目前,新鲜谷物籽粒保鲜方法主要有以下几种。

(1)食品辐照 所采用的辐照源主要有三种类型:一是放射性核素^{60}Co 和^{137}Cs 的γ射线;二是机械源产生的 X 射线;三是机械源产生的电子束。

(2)常湿保鲜法 通常使用保鲜液浸渍,保鲜液配制方法有多种,往往使用人工合成食品添加剂,不易被消费者接受,并且保鲜的品质和时间也受到限制,保鲜时间最多为8个月。

(3)真空软包装法 是将新鲜谷物籽粒处理后装入多层复合膜袋中,经抽真空、密封、高温杀菌和冷却后储藏,常温下保质期在 6 个月左右,与速冻加工相比,具有工艺简单、成本低的优点。

真空包装将包装容器内的空气全部抽出密封,维持袋内处于高度减压状态,空气稀少相当于低氧效果,使微生物没有生存条件,达到果品新鲜、无病腐发生的目的。真空包装的主要作用是除氧,有利于防止食品变质,其原理也比较简单,因食品霉腐变质主要由微生物的活动造成,而大多数微生物(如霉菌和酵母菌)的生存是需要氧气的,而真空包装就是运用这个原理,把包装袋内和食品细胞内的氧气抽掉,使微生物失去生存的环境。实验证明:当包装袋内的氧气含量<1%时,微生物的生长和繁殖速度就急剧下降,氧气含量<0.5%时,大多数微生物将受到抑制而停止繁殖。真空除氧可以抑制微生物的生长和繁殖,另一个重要功能是防止食品氧化。因油脂类食品中含有大量不饱和酯类酸,受氧的作用而氧化,使食品变味、变质。氧化会还使维生素 A 和维生素 C 损失,食品色素中的不稳定物质受氧气的作用,使颜色变暗。所以除氧能够有效地防止食品变质,保持其色、香、味及营养价值。

(4)速冻 是一种非常好的食物保鲜方法,食品经过前处理工序,然后在低温下(-30 ℃)快速冻结,在半小时内迅速通过-1~-5 ℃范围(又称最大冰结晶生成带),使食品的中心温度在-18 ℃以下,然后在此温度下储藏和运输。

4.速冻技术

食品在快速冻结条件下,细胞间隙中的游离水和细胞内的游离水及结合水与天然食品中液态水的分布极为相近,这样就不会损伤细胞组织。当速冻食品解冻时,冰晶融化的水分能迅速被细胞所吸收而不致产生汁液流失,因此速冻食品能最大限度地保持新鲜食品原有的新鲜程度、色泽风味和营养成分,因此速冻技术是目前国际公认的最佳食品储藏技术。因此,本书中将对速冻保鲜工艺做详细介绍。

(1)速冻温度对青麦仁中心温度的影响　选择不同的速冻温度对青麦仁进行速冻处理,速冻过程中青麦仁的中心温度从 0 ℃降到-18 ℃的时间见表 3-4。

表 3-4　不同速冻温度下青麦仁的中心温度

速冻温度/℃	速冻时间/min	中心温度/℃
-20	100	-18
-30	60	-18
-40	30	-18

由表 3-4 可以看出,速冻温度为-40 ℃时,冷冻 30 min 青麦仁的中心温度即可从 0 ℃降到-18 ℃;速冻温度为-30 ℃时,冷冻 60 min 后青麦仁的中心温度可降到-18 ℃;速冻温度为-20 ℃时,冷冻 100 min 后青麦仁的中心温度才可降到-18 ℃。研究表明,如果低温快速冻结,细胞内外几乎同时形成冰晶,冰晶呈针状结晶体,数量细小而且分布均匀,此种细小冰晶对组织结构的机械损伤较轻,解冻后汁液流失较少,解冻品的复原性好;如果冻结的速度较慢,所形成的冰晶较大,且分布不均匀,大冰晶对细胞膜产生的胀力更大,使细胞破裂,组织结构受到严重的机械损伤,同时,由于细胞内的水分向细胞外迁移,造成细胞内脱水,胞内溶液浓度增加,胶质状原生质成为不稳定状态,细胞膜的透水性增加,淀粉、蛋白质保水能力降低,引起蛋白质冻结变性,这一系列的变化过程是不可逆的,因此,解冻时冰结晶融化成水,不能再与淀粉、蛋白质等分子重新结合恢复冻结前的原有状态,致使大量营养汁液流出,食品品质明显下降。因此,快速冻结的食品比慢速冻结的食品质量好。所以可以将-40 ℃作为青麦仁的适宜温度。

(2)速冻温度对青麦仁汁液流失率的影响　由图 3-3 可知,-40 ℃冻结的青麦仁,解冻后汁液流失率为 1.24%,-20 ℃、-30 ℃冻结的青麦仁,解冻后汁液流失率分别为 6.51%、4.18%。说明-40 ℃冻结速度较快,对细胞组织结构的机械损伤较轻,解冻后汁液流失较少,-20 ℃冻结和-30 ℃冻结速度较慢,解冻后汁液流失较严重,此结果与前文的

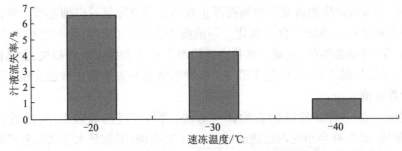

图 3-3　速冻温度对青麦仁汁液流失率的影响

分析相一致。因此,-40 ℃速冻可作为速冻青麦仁的适宜温度。

5.冷冻储藏

冷藏是冷却后的食品在冷藏温度(常在冰点以上)下保藏食品的方法,冷藏通过降低生化反应速率和微生物导致的变化的速率,因此可以延长食品和加工制品的货架寿命。尤其对于果蔬,使它们的生命代谢过程尽量延缓,保持其新鲜度。

冷藏库中的温度并不可能恒定在某一温度值上,因制冷机性能、库容大小和内外温差等因素会使库温在一定范围内波动。一般而言,食品以储藏温度较低,且变化范围越小越好。这样有利于食品保鲜,防止损耗及低温生理病害。

不同的食品具有不同的最适冷藏温度。冷库温度和入库后食品的温度受多种因素的影响,如入库时食品的温度与库温的差别、制冷机的效能与库容、库内空气流通情况、堆码方式、食品品种及成熟度等。入库时应合理堆码,根据实际情况调节库温;出库前需采用逐步升温方法,以免因内外温差大,而造成食物表面凝结水珠。

冷库常因蒸发器大量吸热而不断地在其上结附冰霜,又不断地将冰霜融化流走,致使库内湿度常低于食品储藏对湿度的要求。可以采用增大蒸发器面积、减少结霜,安装喷雾设备或自动喷湿器来调节冷库内湿度。另外,当因货物出入频繁,使库内相对湿度增大时,可安装吸湿器吸湿,并加强冷库管理,严格控制货物和人员的频繁出入。

(1)冷藏温度对青麦仁水分含量的影响　如图 3-4 所示,在 4 周的储藏期间,在 -18 ℃冷藏温度下的青麦仁,其水分含量由 52.60 g/100 g 下降到 52.23 g/100 g,下降了 0.70%,在-10 ℃储藏的青麦仁,其水分含量由 52.53 g/100 g 下降到 52.15 g/100 g,下降了 0.72%。可见,低温储藏会减缓青麦仁细胞内水分的流失,而且-10 ℃和-18 ℃冻藏处理的含水量差异不大,二者仅相差了 0.02%。然而在储藏过程中仍然会有水分流失,原因可能是在储藏过程中,青麦仁细胞内会形成冰晶,进而对青麦仁细胞造成机械损伤,导致解冻过程中的水分流失,同时储藏期间冰晶也会出现升华现象,造成水分的丧失。因此,含水量不仅反映速冻效果的好坏,而且是衡量储藏条件的重要指标。

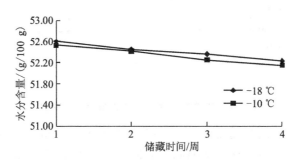

图 3-4　冷藏温度对青麦仁水分含量的影响

(2)冷藏温度对青麦仁可溶性蛋白含量的影响　如图 3-5 所示,在 4 周的储藏时间内,速冻青麦仁在-18 ℃和-10 ℃储藏期间,其可溶性蛋白含量均呈缓慢下降的趋势。-18 ℃储藏的青麦仁可溶性蛋白含量由 0.556 mg/g 降到 0.548 mg/g,损失率为 1.44%。-10 ℃储藏的青麦仁可溶性蛋白含量由 0.554 mg/g 降到 0.545 mg/g,损失率为 1.62%。

一般认为损失率小于5%,为加工中自然损失。可见,-18 ℃储藏的青麦仁与-10 ℃储藏的青麦仁可溶性蛋白含量损失均不大,这种损失可以看作是烫漂实验中的受热变性损失和烫漂中的流失所造成的。据有关报道,速冻产品蛋白质的较大变化主要表现在动物性食品中,植物蛋白在速冻中变化较小,本实验结果与这一观点是一致的。

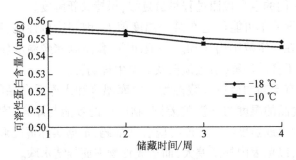

图3-5 冷藏温度对青麦仁可溶性蛋白含量的影响

(3)冷藏温度对青麦仁总糖含量的影响 如图3-6所示,供试的速冻青麦仁在-10 ℃、-18 ℃储藏条件下,总糖含量均随储藏时间的延长而降低,然而-18 ℃储藏的青麦仁的总糖含量与-10 ℃储藏的相差不大。-10 ℃储藏的青麦仁到第4周时由2.91 g/100 g下降到2.26 g/100 g,-18 ℃储藏的青麦仁到第4周时由2.92 g/100 g下降到2.38 g/100 g。可见,低温储藏青麦仁可减缓其总糖含量的下降。新鲜青麦仁的总糖含量基本在3 g/100 g,在储藏过程中,总糖含量会下降,原因可能是青麦仁中的总糖通过糖酵解生成丙酮酸,或通过有氧呼吸生成二氧化碳和水,或通过三羧酸循环生成酯类以及蛋白质等。故可通过果实总糖含量的变化衡量速冻冻藏条件的优劣。

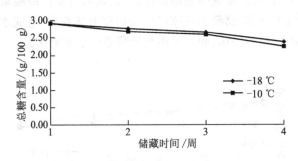

图3-6 冷藏温度对青麦仁总糖含量的影响

(4)冷藏温度对青麦仁粗脂肪含量的影响 如图3-7所示,-18 ℃储藏的青麦仁和-10 ℃储藏的青麦仁粗脂肪含量均随储藏时间的延长而下降,且二者含量变化相差不大,-18 ℃储藏的青麦仁粗脂肪含量从0.15 g/100 g下降到0.11 g/100 g,-10 ℃储藏的青麦仁粗脂肪含量从0.15 g/100 g下降到0.10 g/100 g。可见,低温储藏青麦仁可减缓其粗脂肪的分解,但并不能抑制其分解。粗脂肪在速冻过程中也会缓慢分解,这说明冻结不能防止青麦仁粗脂肪分解,因为在冷藏及解冻时粗脂肪的氧化聚合和加水水解还在缓慢进行。

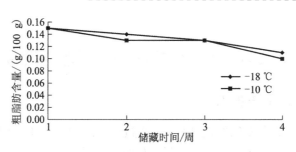

图 3-7　冷藏温度对青麦仁粗脂肪含量的影响

(5)冷藏温度对青麦仁叶绿素含量的影响　如图 3-8 所示,青麦仁低温储藏期间不管是−10 ℃还是−18 ℃均变化不大,−18 ℃储藏的青麦仁到第 4 周叶绿素含量由 0.017 2 mg/g 下降到 0.014 5 mg/g,−10 ℃储藏的青麦仁到第 4 周叶绿素含量由 0.016 8 mg/g 下降到 0.014 0 mg/g。叶绿素降解的原因一部分是因为叶绿素酶的作用,Fiedor 等曾报道叶绿素酶具有叶绿素合成作用和降解作用的双重功能,在储藏期间叶绿素酶的降解作用占主导。叶绿素酶催化叶绿素中植醇酯键水解而产生脱酯醇叶绿素,进而引起叶绿素的分解。而低温会抑制叶绿素酶的活性,从而抑制叶绿素酶对叶绿素的分解。还有研究认为,在未衰老的叶绿体中催化叶绿素降解的酶与叶绿素在空间上被隔离,低温储藏可抑制青麦仁的生理生化反应,延缓组织的衰老,而本实验中青麦仁产品储藏在−10 ℃和−18 ℃,冷藏温度较低,故测定青麦仁叶绿素含量时减少不明显。

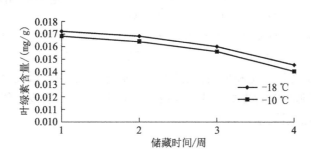

图 3-8　冷藏温度对青麦仁叶绿素含量的影响

综上所述,青麦仁速冻过程中最佳烫漂时间为 5 min,此时青麦仁不仅能保持其翠绿的色泽,籽粒无破碎现象,而且营养品质损失较少。最佳速冻温度为−40 ℃时,在此温度下青麦仁冻结速度较快,30 min 就能使青麦仁中心温度从 0 ℃降到−18 ℃,而且解冻后汁液流失最少。

在−10 ℃和−18 ℃储藏条件下,青麦仁的水分、总糖、可溶性蛋白、粗脂肪、叶绿素含量变化相差不大,因此,从经济、节能角度考虑,在为期一个月的储藏期间,选择−10 ℃为速冻青麦仁的冷藏温度即可。

第二节 青麦仁粉的加工工艺与设备

一、青麦仁粉的干法加工

青麦仁粉是将速冻青麦仁经过预处理、低温烘干或湿法加工后烘干或冻干处理、紫外线杀菌、包装储存等多道工序加工而成的,如图3-9所示。

制作成青麦仁粉其优点有如下几个:①水分含量低,可以延长储藏期,降低储藏、运输、包装等费用;②原料的利用率高,它对原料的要求不高,特别是对原料的大小、形状没有要求;③制成的青麦仁粉,拓宽了原料的应用范围,营养损耗很少。同时,粉几乎能应用到食品加工的各个领域,可用于提高产品的营养成分,改善产品的色泽和风味等。

加工生青麦粉首先要将清理干净的青麦通过一定的手段如石磨搓压、对辊挤压、碾米机挤搓等方式将青麦壳破开;接着用手工筛或机械筛进行分离筛选,使壳与碴粉分开;然后用磨面机或小型

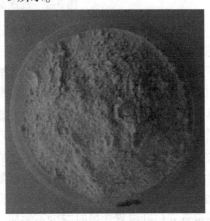

图3-9 青麦仁粉

面粉机组将碴粉加工成青麦面。当然由于这种加工方式需要设备简单,手工作业,青麦粒不容易分级,大小籽粒混在一起加工,搓压间隙相对小,青麦壳搓捻变形较大,没有负压吸风过程,壳表面黏附一定粉面,青麦碴粉中也混进一些碎皮,因此这种加工方式生产的青麦粉品质相对低些。青麦加工的主要设备有青麦脱壳机、青麦分级筛、青麦分离筛、吸风分离器、旋风除尘器、粉粒筛等。

1.加工工艺

青麦仁原料选择→解冻→流动水清洗→低温鼓风烘干→粉碎→过筛→成品

2.生产加工过程的技术要求

(1)青麦仁的选择与处理 选取色泽正常、颗粒饱满、无污染的青麦仁,在恒温冷库中保藏。

(2)解冻与清洗 将冻藏的青麦仁解冻并用流动水清洗,除去表面的水溶性杂质。

(3)低温鼓风干燥 青麦仁干燥过快易使产品品质损伤,本实验采取38~45 ℃的低温热风进行干燥。

(4)粉碎与过筛 将干燥后的青麦仁粉碎后通过120目筛即可得到成品。

3.质量标准

青麦仁低温烘干粉质量标准参照《食品安全国家标准 谷物加工卫生规范》(GB 13122—2016)和《全谷物粉 燕麦粉生产加工技术规程》(DB 34/T 3259—2018)。

4.粉碎制粉设备

粉碎是用机械力的方法来克服固体物料内部凝聚力达到使之破碎的单元操作。习惯上将大块物料分裂成小块物料的操作称为破碎;将小块物料分裂成细粉的操作称为磨碎或研磨,两者又统称为粉碎。物料颗粒的大小称为粒度,它是粉碎程度的代表性尺寸。

根据被粉碎物料和成品粒度的大小,粉碎可分为粗粉碎、中粉碎、微粉碎和超微粉碎四种。①粗粉碎:原料粒度在 40～1 500 mm,成品粒度为 5～50 mm。②中粉碎:原料粒度在 10～100 mm,成品粒度为 5～10 mm。③微粉碎(细粉碎):原料粒度在 5～10 mm,成品粒度为 100 μm 以下。④超微粉碎(超细粉碎):原料粒度在 5～10 mm,成品粒度在 10 μm以下。

(1)辊式粉碎机　如图 3-10 所示,辊式粉碎机利用转动的辊子产生摩擦、挤压或剪切等作用力,达到粉碎物料的目的。根据物料与转辊的相对位置,转辊式粉碎机有盘磨机和辊磨机等专用设备。

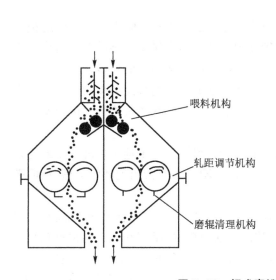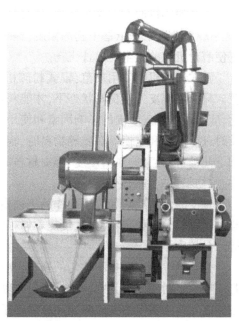

喂料机构

轧距调节机构

磨辊清理机构

图 3-10　辊式磨粉机原理与实物图

辊式磨粉机是食品工业广泛使用的粉碎机械,特别在面粉工业中辊式磨粉机已是不可缺少的关键设备。其他如啤酒麦芽的粉碎、巧克力的精磨、糖粉的加工、麦片和米片的加工等也采用类似的机器。

辊式磨粉机的主要工作机构是磨辊,一般有一对或两对磨辊,分别称为单式辊式磨粉机和复式辊式磨粉机。在复式磨粉机中,每一对磨辊组成一个独立的工作单元。

物料从两磨辊间通过时,受到磨辊的研磨作用而被破碎。磨辊在单式磨粉机内呈水平排列;而在复式磨粉机内,有水平排列的(如美国的磨粉机),也有倾斜排列的(如欧洲和我国使用的大、中型磨粉机)。

传动部分主要给磨辊提供工作动力,使两磨辊作相对方向的转动,其中一个为快辊,一个为慢辊。因为以同一速度相向旋转的磨辊对谷物只能起到轧扁、挤压作用,得不到良好的研磨效果;只有当两磨辊以不同速度相向旋转时,才能对谷物起到研磨作用。传动部分的作用就在于保证磨辊按照一定的速度转动,而且快慢辊之间要保持一定的转速比。

两磨辊之间的径向距离称为轧距。倾斜排列的磨辊,上辊为快辊,它的轴承因固定在磨粉机的机壳上,故位置不能移动;下辊为慢辊,它的轴承装在可以上下移动的轴承臂上,轴承臂通过弹簧与轧距调节机构相连,因此慢辊的位置可调节改变。改变两辊间的轧距以达到一定的研磨效果,是轧距调节机构的主要作用。

设在磨辊的上方,由贮料筒、料斗、喂料辊及喂料活门等组成。喂料辊有两个:定量辊和分流辊。定量辊——直径较大而转速较慢,主要起拨料及向两端分散物料的作用,并通过扇形活门形成的间隙完成喂料定量控制。分流辊——直径较小,转速较高,其表面线速度为定量辊 3~4 倍,其作用是将物料呈薄层状抛掷于磨辊研磨区。

辊式粉碎机通常有吸风装置,该装置有以下 3 个作用:①用以吸去磨辊工作时产生的热量和水蒸气,降低磨下物的温度,提高研磨物料的筛理性能;②冷却磨辊,降低料温;③使磨粉机内的粉尘不向外飞扬。

辊式粉碎机的使用规范:辊式粉碎机的正常运转,在许多方面取决于辊皮的磨损程度。只有当辊皮处于良好状态下,才能获得较高的生产能力和排出合格的产品粒度。因此,应当了解辊皮磨损的影响因素和使用操作中应注意的问题;定期检查辊皮磨损情况,及时进行修理和更换。在破碎物料时,辊皮是逐渐磨损的。影响辊皮磨损的主要因素有如下几种:待处理物料的硬度、辊皮材料的强度、辊子的表面形状和规格尺寸以及操作条件、给物料方式和给物料粒度等。

辊皮的使用期限和辊子工作的工艺指标,取决于物料沿着辊子整个长度分布的均匀程度。物料分布如果不均匀,辊皮不但很快磨损,而且辊子表面会出现环状沟槽,从而破碎产品粒度不均匀。

为了消除辊皮磨损不均匀的现象,在粉碎机运转时,应当经常注意破碎产品粒度,而且应在一定时间内将其中一个辊子沿着轴向移动一次,移动的距离约等于给物料粒径的三分之一。当需要改变破碎比而移动辊子时,必须使辊子平行移动,防止辊子歪斜,否则会导致辊皮迅速而不均匀的磨损,严重时,还会造成事故。辊式粉碎机工作时粉尘较大,必须装设密闭的安全罩子。罩子上面应留有入孔(检查孔),以便检查机器辊子的磨损状况。必须指出,在辊式粉碎机操作过程中,应当严格遵守安全操作规程,严防将手卷入辊子中造成人身事故。

为了保证粉碎机的正常工作,应注意机器的润滑。滑动轴承的润滑,可采用定期注入稀油或用油杯加油的方法;滚动轴承的润滑,可使用注油器(或压力注油器)注入稠油的方法。

(2)磨介式粉碎机 是指借助于处于运动状态、具有一定形状和尺寸的研磨介质所产生的冲击、摩擦、剪切、研磨等作用力使物料颗粒破碎的研磨粉碎机。这种粉碎机生产率低、成品粒径小、多用于微粉碎及超微粉碎。

磨介式粉碎机优点:结构简单,易于制造、检修,工作可靠;粉碎比大(可达 300 以上),通用性好;干法与湿法均可适用。缺点:粉碎周期长,能耗大,生产能力低;磨介易破碎,筒体易磨损。

典型机型有球(棒)磨机(粉碎成品粒径可达 40~100 μm)、振动磨(成品粒径可达 2 μm以下)和搅拌磨(成品粒径可达 1 μm以下)三类。

如图 3-11 所示,球磨机常用的研磨介质有钢球(相对密度7.8)、氧化锆球(相对密度5.6)、氧化铝球(相对密度3.6)和瓷球(相对密度2.3)等,有时也用无规则形状的鹅卵石或燧石等。磨介材料的相对密度大,则球磨机的产量大,粉碎效率高;相对密度较小,会使产量与效率降低。研磨介质的大小会直接影响球磨机的粉碎效果和成品颗粒的粒度大小。

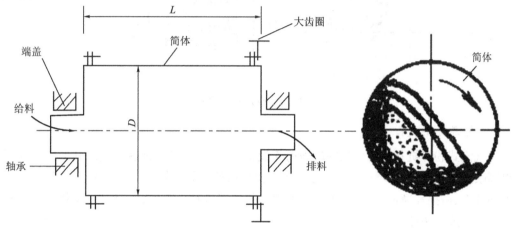

图 3-11　球磨机示意图

棒磨机常用直径 50~100 mm 的钢棒作为研磨介质,其筒体长度与直径的比值一般为 1.5~2。棒磨机有溢流型、开口型和周边排料型等形式。

棒磨机与球磨机相比,冲击力和摩擦力仍是粉碎的主要作用力,但因转速比通常的小,故冲击力的作用减小。棒磨机的特点是棒与物料的接触是线接触而不是点接触,故在大块和小块的混合料中大块料先受到粉碎。适合于处理潮湿黏结性物料。

如图 3-12 所示,搅拌磨从球磨机发展而来,主体由搅拌器、带冷却夹套的立桶和磨介等构成。其外围设备包括分离器和输料泵等。搅拌轴一般为直径较粗大的空心轴,目的在于缩小靠近轴心的无效研磨区。根据需要,沿轴向安装若干分散器。分散器有多种形式。

搅拌磨常用球形磨介,所用磨介材料有玻璃珠、钢珠、氧化铝珠和氧化铅珠(食品工业不宜使用)等,由于最初使用的是天然玻璃砂,故搅拌磨又经常称为砂磨机。

搅拌磨的超微粉碎原理,在分散器高速旋转产生的离心力作用下,研磨介质和液体浆料颗粒冲向容器内壁,产生强烈的剪切、摩擦冲击和挤压等作用力(主要是剪切力)将浆料颗粒粉碎。搅拌磨能满足成品粒子的超微化、均匀化要求,成品的平均粒度最小可达到数微米。

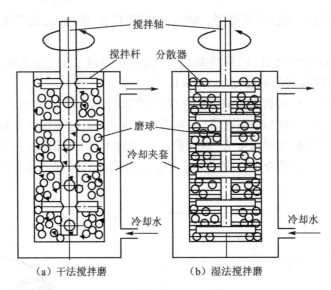

（a）干法搅拌磨   （b）湿法搅拌磨

图3-12　搅拌磨示意图

5.超微粉碎技术

气流式粉碎机是比较成熟的超微粉碎设备。它使用空气、过热蒸汽或其他气体通过喷嘴喷射作用成为高能气流。高能气流使物料颗粒在悬浮输送状态下相互之间发生剧烈的冲击、碰撞和摩擦等作用,加上高速喷射气流对颗粒的剪切冲击作用,使物料得到充分研磨而成超微粒子。

超微粉碎的优点有如下几个。

(1)速快温控　超微粉碎技术可采用超音速气流粉碎、冷浆粉碎等方法;在粉碎过程中可避免产生局部过热等现象,甚至可在低温状态下进行,并且粉碎速度较快,因而能最大限度地保留粉体的生物活性及各种营养成分,减少有效成分的损失,有利于高品质产品的开发和制备。因此,超微粉碎技术不仅适用于含纤维状物料的粉碎(尤其适用于含芳香性、挥发性成分物料的粉碎),而且还可根据不同物料的需要,采用中、低和超低温粉碎,以便根据物料性质及加工要求达到更好的产品效果。

(2)粒径小　在原料上超微粉碎外力的分布上相对较均匀。分级系统既严格限制了大颗粒,又避免了物料过碎,可以得到粒径分布均匀的超微粉,同时增加了微粉的比表面积,进而使产品的吸附性、溶解性等增大。

(3)提高利用率　采用常规的机械粉碎方法,纤维性较强的物料在粉碎过程中产生大量残渣,造成原料的大量浪费,且用常规粉碎方法得到的产物,仍需要进行一些中间环节的操作才能达到直接用于生产的要求,这样可能会造成原料的浪费,而物体经超微粉碎后,超微粉一般可直接用于生产。

(4)减少污染　传统粉碎方法密封较差,易产生污染,而超微粉碎是在封闭系统内进行的,既避免了微粉污染周围环境,又可防止空气中的灰尘污染产品。在食品及医疗保健品中运用该技术,可控制微生物和灰尘的污染。同时,由于超微粉碎加工是纯物理过程,不会混入其他杂质,这也使得加工后的中草药具有纯天然性,保证了原料成分的完整性与安全性。

（5）提高生化反应速度　由于经过超微粉碎后的原料具有极大的比表面积,在生物、化学等反应过程中,增加了反应接触面积,从而提高反应速度,在生产中不仅节约了时间,而且提高了效率。有研究发现,玉米秸秆经超微粉碎后,其理化性状得到明显改善,同时在饲料加工过程中显著提高了其发酵效率。

（6）提高产品的消化吸收　物料经过超微粉碎后,细胞破壁,大量的营养物质不必经过较长的路径就能释放出来,并且微粉体由于粒径小而更容易吸附在小肠内壁上,这样也加速了营养物质的释放速率,使物料在小肠内有足够的时间被吸收。所以提高物料细度,增大其比表面积,有利于提高体内的吸收量和吸收速度。刘蕊等研究表明,葛根芩连汤超微粉中的葛根素、黄芩苷含量比细粉分别提高 56.10%、41.73%,这表明超微粉碎技术能显著提高葛根芩连汤中主要有效成分葛根素和黄芩苷的溶出度。

立式环形喷射气流粉碎机工作过程:从若干个喷嘴喷出的高速压缩空气气流将喂入的物料加速并形成紊流状,致使物料在粉碎室中相互高速冲撞、摩擦而达到粉碎。粉碎后的粉粒体随气流经环形轨道上升,由于环形轨道的离心力作用,使粗粉粒靠向轨道外侧运动,细粉粒则被挤往内侧。回转至分级器入口处时,由于内吸气流旋涡的作用,细粉粒被吸入分级器中分离而排出机外,粗粉粒则继续沿环形轨道外侧远离分级器入口处通过而被送回粉碎室中,再度与新输入物料一起进行粉碎。如图 3-13 所示。

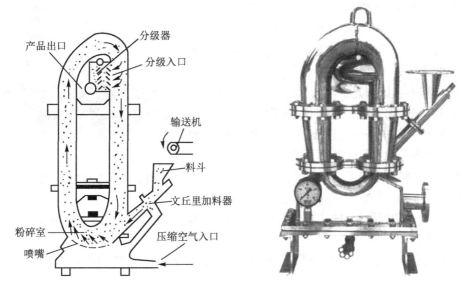

图 3-13　气流粉碎机的工作原理与实物图

二、青麦仁粉的湿法加工

湿式粉碎过程中物体的流动性好,分级效率高,并具有较好的防噪声、防尘效果,因此被广泛使用。湿法超细粉碎技术装备种类较多,根据粉碎过程中粉碎原理的不同,可将湿法超细粉碎机械分为冲击式、转辊式、磨介式等。总的来说,目前湿法超细粉碎设备主要包括胶体磨、高压均质机、高剪切均质机、高速切割粉碎机及搅拌磨等。

1.加工工艺

青麦仁的原料选择→浸泡→粗磨→过滤→细磨→干燥→成品

2.生产加工过程的技术要求

(1)青麦仁的选择与处理　选取籽粒饱满、果肉肥厚、新鲜洁净的青麦仁。

(2)浸泡　浸泡的目的是使青麦仁皮层吸水膨胀,利于从仁上剥离。

(3)粗磨和过滤　将浸泡过的青麦仁加适量的水用粉碎机粗磨,混合液通过200目筛进行过滤分离纤维。可二次粗磨提高原料利用率。

(4)细磨及干燥　用胶体磨将过滤后的混合物精磨,之后干燥即可得到成品。

3.质量标准

青麦仁湿法加工成品质量标准参照《食品安全国家标准　谷物加工卫生规范》(GB 13122—2016)和《全谷物粉　燕麦粉生产加工技术规程》(DB34/T 3259—2018),同时测量蛋白质含量和胚芽、纤维和可溶物得率以评价营养价值。

4.主要设备

(1)胶体磨　胶体磨是一种湿式超细粉碎设备,主要由进料口、外壳、定子、转子、电动机、调节装置和底座等构成(图3-14)。主要利用固定磨子和高速旋转磨体的相对运动产生强烈的剪切、摩擦和冲击等力使物料被有效地粉碎。胶体磨按其结构,可分为盘式、锤式、透平式及孔口式等类型;按转轴的位置,可分为卧式、立式。

工作原理:胶体磨是由电动机通过皮带传动带动转齿(或称为转子)与相配的定齿(或称为定子)作相对的高速旋转,其中一个高速旋转,另一个静止,被加工物料通过本身的重量或外部压力(可由泵产生)加压产生向下的螺旋冲击力,透过定、转齿之间的间隙(间隙可调)时受到强大的剪切力、摩擦力、高频振

图3-14　胶体磨工作实物图

动、高速旋涡等物理作用,使物料被有效地乳化、分散、均质和粉碎,达到物料超细粉碎及乳化的效果。

设备优点:结构简单,设备保养维护方便;适用于较高黏度物料以及较大颗粒的物料。

设备缺点:物料流量是不恒定的,对于不同黏性的物料其流量变化很大;由于转定子和物料间高速摩擦,故易产生较大的热量,使被处理物料变性;表面较易磨损,而磨损后,细化效果会显著下降。

(2)高压均质机　高压均质机是以高压往复泵为动力传递和输送物料的机构,其结构主要由高压柱塞泵和均质阀两部分构成。其中均质阀是实现粉碎和均质的核心部件,其类型分为穴蚀喷嘴型、碰撞阀体型和Y型交互型。如图3-15所示。

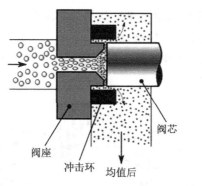

阀座　　　　　　　阀芯
　　冲击环　均值后

图3-15　高压均质机工作原理图与实物图

均质机是由高压泵和均质阀组成的。它主要结构包括产生高压推动力的活塞泵、一个或多个均质阀以及底座等辅助装置。活塞泵一般有3个、5个或7个活塞,多个活塞连续运行以确保产生平稳的推动力。均质机工作时,低压下将加热到55~80 ℃的乳吸入均质机中,由入管口进入到多个泵室,在入口处有一个过滤塞以防止异物进入。然后在一个较高的均质压力(通常在10~25 MPa)下,液料以很高的速度通过窄小的均质阀狭缝而使物料破碎。均质作用是由三个因素协调作用而产生的:①当物料溶液以高速冲击均质阀芯时会受到很大的撞击力,导致部分物料破碎;②以高速度通过均质阀中的狭缝,对物料产生巨大的剪切力,导致部分物料破碎;③当乳以200~300 m/s高速离开均质阀时,压力突然降低,会使溶解在料液中的气体分离并形成气泡,这样产生气穴现象,从而使物料受到非常强的自我爆破力,大部分破碎。在实际生产中,一般有一级均质和二级均质两种方式。一级均质后被破碎成的小物料,具有聚集的倾向,而经过二级均质后小物料已被打开,分散得较均匀。由于一级均质效果较差,所以一般常用的为二级均质。在二级均质中,物料连续地通过两个均质头,二级均质对一级均质的乳提供了有效的反压力,使一级均质后重新聚集在一起的小物料重新打开,所以二级均质大大提高了均质效果。通常一级均质用于低脂产品和高黏度产品的生产中,而二级均质可用于高脂、高干物质和低黏度产品的生产。

胶体磨和均质机都有研磨、粉碎、混合作用,但胶体磨的乳化效果要弱于均质机,所以胶体磨一般用于均质前的研磨或在固态物质较多用胶体磨进行细化。胶体磨的结构简单、占地面积小,相比较下均质机的占地面积就大了许多,均质机的造价也比胶体磨高很多。

(3)搅拌磨　搅拌磨机主要是由筒体、搅拌装置、传动装置和机架构成,通过搅拌轴的旋转,搅动筒体内充填的磨矿介质(钢球、氧化锆球、瓷球、刚玉球和砾石等)和物料,使其在筒体内作多维循环运动及自转运动。被研磨物料主要受研磨(剪切和挤压)和冲击作用。

超细搅拌磨机被认为是最具有发展潜力的一种超细粉碎设备,具有能量密度高、占用空间小、粉磨效率高、工艺简单和产品粒度分布均匀等特点。

(4)高速切割粉碎机　高速切割粉碎机的原理为食品物料被导向高速旋转的叶轮中央,以极高速度撞击在粉碎切割头静刀片露出的切割边缘上。叶轮在运动的过程中,其上动刀片的切割边缘与粉碎切割头静刀片的切割边缘恰似剪刀的两个刃口,物料在其间瞬时受到强剪切力作用,物料就像剪刀剪棉纱一样被剪断;由于静刀片数量很多,在叶轮旋转的过程中,切割也在持续进行,从而使物料被渐次切割粉碎。粉碎后的产品颗粒从静刀片之间的间隙排出。如图3-16所示。

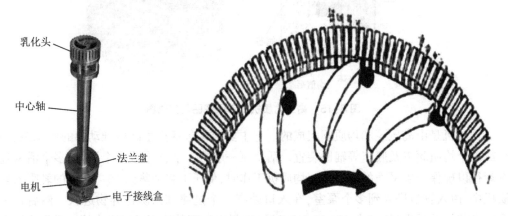

乳化头

中心轴

法兰盘

电机

电子接线盒

图3-16　高速剪切粉碎示意图

切割型湿法超细粉碎机适用于食品、生物医药行业和超细碳酸钙、白炭黑等纳米材料的加工。

第四章　青麦仁功能组分的分离提取

第一节　青麦仁淀粉的制备

青麦仁是乳熟期的小麦,青麦仁淀粉含量和小麦含量相似。青麦淀粉具有两种不同的颗粒群:A 型和 B 型。A 型和 B 型颗粒的形态不同。A 型颗粒为圆盘状,平均直径为 10~35 μm,而较小的 B 型颗粒大致为球形,平均直径为 1~10 μm。

一、青麦淀粉的提取

青麦仁清洗,用湿磨机研磨 2 次,浸泡过夜。将浆状物通过 100 目尼龙筛,筛上物再次研磨,过筛。过筛后浆状物 2 500 r/min 离心 10 min,倒去上清液,刮去上层灰色杂质,收集中间层加水混匀,2 500 r/min 离心 10 min,倒去上清液,刮去上层黄色蛋白,重复 4 次。所得淀粉于 50 ℃烘箱中干燥 24 h,研磨过 100 目筛。

二、小麦淀粉的提取

小麦清洗,浸吸水泡,用湿磨机研磨 2 次,浸泡过夜。将浆状物通过 100 目尼龙筛,筛上物再次研磨,过筛。过筛后浆状物 4 000 r/min 离心 10 min,倒去上清液,刮去上层灰色杂质,收集中间层加水混匀,4 000 r/min 离心 10 min,倒去上清液,刮去上层黄色蛋白,重复4次。所得淀粉于 45 ℃烘箱中干燥 24 h,研磨过 100 目筛。

三、A-淀粉和 B-淀粉的分离

将脱脂脱蛋白后的淀粉与蔗糖溶液(80%)按照 1:8混合,然后 350 r/min 离心8 min,上清液中取 250 mL 转移到另一离心杯(2 号)里;再将原离心杯中沉淀物搅匀,加入 250 mL蔗糖溶液至原液面,重复该操作 2 次。然后将原离心杯(1 号)里淀粉悬浮液以 350 r/min 离心 3 min,将上清液取 250 mL 转移到 2 号离心杯里;再将原离心杯中沉淀物搅匀,加入 250 mL 蔗糖溶液至原液面,重复该操作 2 次。最后再将原离心杯(1 号)里淀粉以 350 r/min 离心 2 min,将上清液全部转移到另一离心杯(2 号)里,以 2 500 r/min 离心 20 min,倒去全部上清液,收集 B 淀粉。原离心杯(1 号)里沉淀物为 A-淀粉,用蒸馏水以200 r/min离心 5 min,倒去上层部分,沉淀物加蒸馏水混匀、离心,重复 5 次;再将沉淀物加蒸馏水以 2 500 r/min 离心 20 min,重复 3 次,得到纯净的 A-淀粉。另一离心杯(2 号)里沉淀物用 1 600 目精密筛过滤。将筛过的淀粉用蒸馏水以 2 500 r/min 离心

20 min,洗涤 3 次,得到纯化的 B-淀粉。分离提取的 A-淀粉和 B-淀粉,在 40 ℃下干燥 24 h,再粉碎过筛,收集放置于干燥器中。如图 4-1 所示。

(a)青麦淀粉　　　　　　　　　　　　　(b)小麦淀粉

(c)青麦 A-淀粉　　　　　　　　　　　(d)青麦 B-淀粉

(e)小麦 A-淀粉　　　　　　　　　　　(f)小麦 B-淀粉

图 4-1　青麦、小麦淀粉及其 A-淀粉、B-淀粉的扫描电镜观察

第二节 青麦仁蛋白的制备

鲜食青麦仁蛋白的能量和营养价值明显优于大多数植物蛋白质,是优质价廉的天然氮源,具有广阔的发展前景。青麦仁蛋白质含量比小麦蛋白质含量略低,同样由清蛋白、球蛋白、醇溶蛋白和谷蛋白组成,含量不同,见表4-1,蛋白质性质也不同,因此,加工后的青麦仁制品品质与小麦制品品质不同。

表4-1 小麦和青麦仁中的蛋白含量

谷物	蛋白质含量（干基）	蛋白质组成			
		清蛋白	球蛋白	醇溶蛋白	谷蛋白
青麦仁	8.0%～14.0%	45%～60%	2%～5%	15%～20%	15%～20%
小麦	10%～15%	3%～5%	6%～10%	40%～50%	30%～40%

一、青麦仁蛋白的提取

原料预处理:青麦仁放入烘箱,维持45 ℃烘干过夜至恒重,用粉碎机粉碎后过40目筛,取筛下物作为实验样品,置于干燥器内密封保存。

碱溶分离总蛋白:参考前人对小麦蛋白碱溶酸沉的研究结果,取50 g青麦仁于1 L烧杯中,加入15倍体积去离子水,搅拌均匀后调节溶液 pH＝11.0,在50 ℃水浴下搅拌1.5 h,离心得到上清液1(含四种蛋白)和残渣1。上清液1用于下一步四种蛋白的分离。残渣1保留,烘干后测定残余蛋白含量。

四种蛋白的分级分离步骤如下:

(1)将上一步操作得到的上清液1用0.1 mol/L稀盐酸(下同)调节 pH＝7.0,在50 ℃下搅拌0.5 h。静置沉淀后离心分离,得上清液2(含清蛋白)和不溶物2(含球蛋白、醇溶蛋白和谷蛋白)。将上清液2用稀盐酸调节至清蛋白等电点(pH＝4),静置沉淀后离心除去清液,得到的固形物用纯净水洗涤,倾倒去水后冷冻干燥得到清蛋白;不溶物2供下一步分离。

(2)向上一步操作得到的不溶物2中加入固液比1:12(下同)、2%(质量分数)NaCl溶液,调节 pH＝7.0,在45 ℃下搅拌0.5 h。静置沉淀,离心分离得上清液3(含球蛋白)和沉淀3(含醇溶蛋白和谷蛋白)。将上清液3调节至球蛋白等电点(pH＝5.0),静置沉淀后离心除去清液,得到的固形物用纯净水洗涤,倾倒去水后冷冻干燥得到球蛋白;沉淀3供下一步分离。

(3)向上一步操作得到的沉淀3中加入固液比1:14、65%乙醇溶液,调节 pH＝7.0,在45 ℃下搅拌0.5 h,静置沉淀。离心分离得清液4(含醇溶蛋白)和沉淀4(含谷蛋白及杂质)。将清液4调节至醇溶蛋白等电点(pH＝5.8),静置沉淀离心除去清液,得到的固形物用纯净水洗涤,倾倒去水后冷冻干燥得到醇溶蛋白。沉淀4供下一步分离。

(4)向上一步操作得到的沉淀4中加入固液比1:14的去离子水,调节 pH＝11.0,在55 ℃下搅拌0.5 h。静置沉淀,离心得清液5(含谷蛋白)和不溶物5(含杂质)。将清液5调节至谷蛋白等电点(pH＝5.2),静置沉淀离心去除清液,得到的固形物用纯净水洗涤,倾倒去水后冷冻干燥得到谷蛋白。同时保留提取蛋白后的不溶物5,烘干后供测试。

二、青麦仁蛋白的氨基酸组成

青麦仁分离蛋白中氨基酸含量丰富，种类齐全，见表4-2，其中谷氨酸的含量最高，达38.3%。谷氨酸不仅属于鲜味氨基酸，在医学上谷氨酸还用于治疗肝性昏迷，改善儿童智力发育。亮氨酸、缬氨酸和异亮氨酸统称支链氨基酸(BCAA)，一起合作修复肌肉，控制血糖，并给身体组织提供能量，是最重要和最有效的营养补剂。青麦仁分离蛋白必需氨基酸中亮氨酸含量最高，占总氨基酸的8.3%，异亮氨酸为3.4%，蛋氨酸含量最少为1%，缬氨酸未检出。青麦仁分离蛋白中必需氨基酸占总氨基酸含量为24.2%，必需氨基酸与非必需氨基酸的比值为29∶83。

表4-2 青麦仁蛋白的氨基酸组成和含量

氨基酸		含量
必需氨基酸	赖氨酸(Lys)	0.335%
	苯丙氨酸(Phe)	0.455%
	蛋氨酸(Met)	0.097%
	苏氨酸(Thr)	0.324%
	异亮氨酸(Ile)	0.329%
	亮氨酸(Leu)	0.804%
	缬氨酸(Val)	未检出
	未检出(Trp)	未检出
	总量	2.344%
半必需氨基酸	精氨酸(Arg)	0.384%
	组氨酸(His)	0.296%
	总量	0.680%
非必需氨基酸	天冬氨酸(Asp)	0.597%
	丝氨酸(Ser)	0.618%
	谷氨酸(Glu)	3.703%
	甘氨酸(Gly)	0.200%
	丙氨酸(Ala)	0.150%
	半胱氨酸(Cys)	0.716%
	酪氨酸(Tyr)	0.660%
	总量	6.644%
总氨基酸		9.668%

三、青麦仁蛋白的功能特性

1.青麦仁分离蛋白的溶解度

溶解度是考察蛋白质溶解性的一个重要的功能性指标,受 pH 值、离子强度、有机溶剂等因素的影响。实验结果如图 4-2 所示,青麦仁分离蛋白溶解性先降低后升高,在 pH =6 时溶解度最低,与其他 pH 的溶解度存在显著差异($p<0.05$),这与它们的等电点比较接近有很大关系;在蛋白质的等电点处,正负电荷数相等,静电斥力降低,蛋白质发生凝聚而沉淀,溶解度最小;离开等电点,蛋白的溶解度都明显增加,当 pH<2 或者>8 时,大部分蛋白成溶解状态。

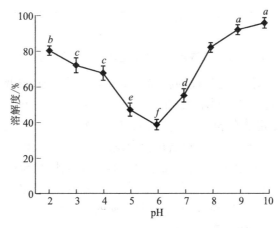

图 4-2　分离蛋白在不同 pH 下的溶解度

2.青麦仁分离蛋白的持水性和持油性

蛋白的持水性是指蛋白与水分子的结合能力,在蛋白食品的加工过程当中起着非常重要的作用。实验结果如表 4-3 所示,青麦仁分离蛋白的持水性为 2.02 g/g,持油性为 7.18 g/g;通过和小麦分离蛋白的持水性和持油性进行对比分析能够看出,青麦仁分离蛋白持油性较好,持水性稍差。据此可将其应用到肉制品、烘焙制品、油炸食品等食品的生产中。

表 4-3　分离蛋白的持水性和持油性

样品名称	持水性/(g/g)	持油性/(g/g)
青麦仁蛋白	2.02	7.18
小麦蛋白	4.26	5.98

3.起泡性与泡沫稳定性

蛋白液浓度对青麦仁分离蛋白起泡性和泡沫稳定性的影响如图 4-3 所示。青麦仁分离蛋白的起泡性和泡沫稳定性随蛋白液含量(0.2%~0.6%)的增大而增强,存在显著差异($p<0.05$);当蛋白含量达到 0.6%时,蛋白的起泡性最大,稳定性最佳,随后差异不显著($p>0.05$);这是由于蛋白液浓度增大,溶解的蛋白质增多,蛋白发泡力呈现增加的趋势,起泡性也就随之增强,维持泡沫稳定的蛋白量增多,泡沫稳定性增强。

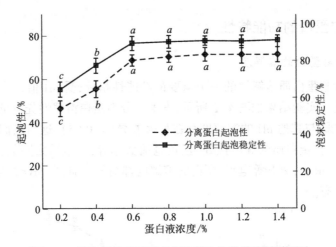

图4-3 蛋白液浓度对蛋白起泡性和泡沫稳定性的影响

pH 对蛋白起泡性和泡沫稳定性的影响如图4-4所示。随 pH 增大,青麦仁分离蛋白的起泡性和泡沫稳定性先减小后增大,在 pH=6 时起泡性最低,和其他 pH 时存在显著差异($p<0.05$);而起泡稳定性在 pH=4、6、8 时无显著差异($p>0.05$)。蛋白的起泡性与其溶解度有关,溶解度在 pH=6 时较小,可溶性蛋白量最小,不溶性蛋白较多,起泡性就差,蛋白维持泡沫稳定的能力也就差一些。在远离 pH=6 的酸性和碱性范围内,起泡性都较好,主要是因为 pH 高于或低于等电点,蛋白质在溶液中处于伸展状态,有利于其快速分散到空气与水界面包埋空气颗粒,从而改变蛋白质的起泡性。

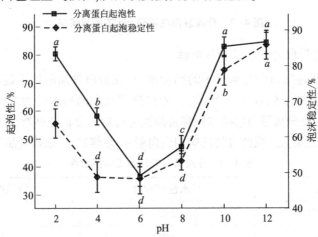

图4-4 pH 对蛋白起泡性和泡沫稳定性的影响

4.乳化性与乳化稳定性

分离蛋白液浓度对蛋白乳化性和乳化稳定性的影响结果如图4-5所示。青麦仁分离蛋白的乳化性随蛋白液浓度增加而增加,主要因为随着蛋白液浓度增大会使界面膜的厚度增大,膜的强度也因此提高,乳化性也就越来越大;青麦仁分离蛋白的乳化性随蛋白液浓度增大而增加,达到 0.8% 后,蛋白乳化性变化不大,蛋白液含量在 0.2%~0.6%和0.6%~1.4%时均没有显著差异($p>0.05$)。青麦仁分离蛋白的乳化稳定性随着蛋白液浓度增大而增强,达到 0.8% 之后,蛋白的乳化性稳定性变化不大,无显著差异性($p>$ 0.05)。这说明在一定范围内,蛋白液浓度越大,蛋白的乳化稳定性就越大。

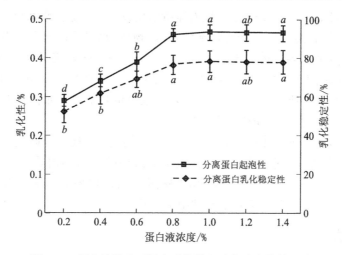

图 4-5　蛋白液浓度对蛋白乳化性和乳化稳定性的影响

　　不同 pH 对蛋白乳化性和乳化稳定性的影响结果如图 4-6 所示。青麦仁分离蛋白的乳化性先下降后上升趋势,在 pH=4、6、8 时乳化性差异不显著($p>0.05$);在 pH=6 时乳化性最差,在 pH=12 时乳化性较好,说明碱性条件下蛋白的乳化性较好。这与蛋白的溶解性有密切关系,许多蛋白均有“等电点附近乳化性差,偏离等电点乳化性增强”的规律。这是因为蛋白质在它的表面性质起作用之前必须先溶解和移动到表面,不溶性的蛋白对乳化作用的贡献很小,因此蛋白质的乳化性质和溶解度之间通常呈正相关。青麦仁分离蛋白的乳化稳定性随 pH 的增大先下降后上升,在 pH=6 时最差,与 pH=2、10、12 存在显著差异($p<0.05$);pH<6 时,蛋白的乳化稳定性随 pH 的增加而减少;pH>6 时,蛋白的乳化稳定性随 pH 的增加而增加。这是因为 pH 首先影响了蛋白的溶解性,而溶解的蛋白的乳化性质又依赖于乳化液中的亲油-亲水基的动态平衡。

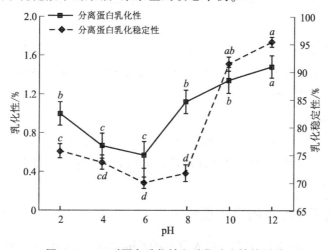

图 4-6　pH 对蛋白乳化性和乳化稳定性的影响

第三节　青麦仁中膳食纤维的分离提取

膳食纤维(dietary fiber,DF)指不被人体所消化吸收的多糖类碳水化合物及木质素的总称,是继蛋白质、脂类、碳水化合物、维生素、矿物质、水之后的第七大营养素。根据溶解性的不同,可分为水溶性膳食纤维(soluble dietary fiber,SDF)和非水溶性膳食纤维(insoluble dietary fiber,IDF)两类。水溶性膳食纤维可调节人体糖脂代谢,降低胆固醇含量,对预防高血压、急性心肌梗死、糖尿病等都具有较好的功效。非水溶性膳食纤维具有吸收体内水分的功能以及防止便秘的良好功效。

近年来,膳食纤维抗氧化活性的研究逐渐成为热点。欧仕益等研究发现,SDF 和 IDF 都有清除自由基的作用,起主要作用的是膳食纤维中的多酚类物质。因此,本实验通过酶-碱法、双酶法、超声辅助酶法、微波辅助酶法提取青麦仁种皮 SDF 和 IDF,并研究其抗氧化活性,旨在为青麦仁深加工和生产利用提供参考。

一、提取方法

1.酶-碱法

用锥形瓶称取 25 g 青麦仁种皮,放入锅中,然后加入 10 倍体积蒸馏水,蒸煮 10 min,除去种皮中植酸;将温度降至 65 ℃,调节 pH 为 6.5,加入质量分数为 0.3%的 α-淀粉酶,用电磁搅拌器持续搅拌,酶解 30 min;在 100 ℃灭酶 10 min;将温度降至 65 ℃,添加质量分数为 5%的 NaOH 溶液,碱解 90 min;转速 3 000 r/min,离心 20 min;将上清液与沉淀分开,沉淀水洗,烘干,得到 IDF;上清液冷却后加入一定体积的 95%乙醇溶液,沉淀 12 h;使用旋转蒸发仪进行浓缩,除去乙醇;转速 3 000 r/min,离心 20 min,得到 SDF;60 ℃,2 h,烘干至恒质量。

2.双酶法

酶解温度 65 ℃,调节 pH 为 6.5,加入 0.3%的 α-淀粉酶,酶解 15 min;再加入质量分数为 2%的 NaOH 溶液,调节 pH 值 8.0,加入 0.4%的碱性蛋白酶,碱解 15 min。

3.超声辅助酶法

酶解温度 65 ℃,调节 pH 为 6.5,加入 0.3%的 α-淀粉酶,超声功率 300 W,酶解 15 min;再加入质量分数为 2%的 NaOH 溶液,调节 pH 值 8.0,加入 0.4%的碱性蛋白酶,超声功率 300 W,碱解 15 min。

4.微波辅助酶法

酶解温度 65 ℃,调节 pH 为 6.5,加入 0.3%的 α-淀粉酶,微波功率 300 W,酶解 15 min;再加入质量分数为 2%的 NaOH 溶液,调节 pH 值 8.0,加入 0.4%的碱性蛋白酶,微波功率 300 W,碱解 15 min。

二、抗氧化活性成分的提取及测定

取青麦仁种皮的膳食纤维 2 g,加入 70%的乙醇溶液,料液比为 1:50,在 70 ℃恒温水浴锅中浸提 6 h,以 3 000 r/min 的转速离心 15 min,取上清液保存待用。

1.总黄酮含量的提取与测定

标准曲线的绘制:准确称取芦丁对照品 10 mg,60%乙醇配制为 0.2 mg/mL 的对照品溶液。精密量取芦丁对照品溶液 0、1、2、3、4、5、6 mL,分别置于 25 mL 容量瓶中,各加入 60%乙醇补充至 10 mL,加入 5% 亚硝酸钠溶液 1 mL,摇匀,放置 6 min;加入 5%硝酸铝溶液 1 mL,摇匀,放置 6 min;加入 10%NaOH 溶液 10 mL,用 60%乙醇定容至刻度,摇匀,放置 15 min。以不加芦丁对照品溶液为空白对照,采用分光光度法在 510 nm 波长处测定吸光度,以芦丁浓度(mg/mL)为横坐标,吸光度为纵坐标,绘制标准曲线。

总黄酮的提取:称取 10 g 经粉碎过 80 目筛预处理的样品,按 1:30 的料液比加入体积分数为 60% 的乙醇,在超声功率 400 W,超声温度 45 ℃条件下,提取 60 min,4 000 r/min、4 ℃离心 15 min,再次超声提取,离心。合并两次上清液,45 ℃干燥浓缩,定容至 100 mL,吸取 10 mL 于 25 mL 容量瓶,按照标准曲线方法测定吸光值。总黄酮含量计算公式如下:

$$总黄酮含量(mg/g) = (250 \times C)/m$$

式中　C——由标准曲线计算的浓度值,mg/mL;

　　　m——样品质量,g。

2.1,1-二苯基-2-三硝基苯肼(DPPH)清除率的测定

准确称取 DPPH,用无水乙醇配制成 1.0×10^{-2} mol/L 的溶液,冷藏备用,使用时将其稀释 10 倍。移取 1.0 mL 1.0×10^{-3}mol/L DPPH-乙醇溶液与 3.0 mL 稀释 4 倍的待测样品液混匀,常温下放置 30 min 后,在波长 571 nm 处测得吸光度,计算清除率。

3.还原能力的测定

取 2.0 mL 的样品溶液,依次加入 pH 为 6.6 的磷酸缓冲液(浓度 0.2 mol/L),质量分数为 1%的 $K_3[Fe(CN)_6]$溶液各 2.5 mL,混合均匀,在 50 ℃下保持 20 min,加入质量分数为 10%的 $C_2HCl_3O_2$ 2.5 mL,混合均匀,以 3 000 r/min 的速度离心 15 min,移取上清液 5.0 mL,加入 0.5 mL 0.1%$FeCl_3$溶液和 4.0 mL 蒸馏水,混合均匀,在常温下静置 10 min 后,倒入比色皿中,在波长 700 nm 处测得吸光度。吸光度大小表示样品还原能力大小,吸光度越大,则还原能力越大。

4.羟自由基清除能力的测定

按顺序依次移取 2.0 mL 水杨酸乙醇溶液(6 mmoL/L)、2.0 mL $FeSO_4$(6 mmoL/L)、1.0 mL 样品溶液(稀释 10 倍)、0.1 mL H_2O_2溶液(6 mmoL/L)于试管中,混匀,在 37 ℃水浴中保温 30 min,在波长 510 nm 处测吸光度,计算羟自由基清除率,羟自由基清除率与抗氧化能力呈正相关,做 3 组平行实验降低实验误差。

三、结果与分析

1.不同提取方法对青麦仁种皮膳食纤维提取率的影响

经酶-碱法提取青麦仁种皮 SDF 提取率最高,达到了 30.44%,双酶法、超声辅助酶法、微波辅助酶法等 3 种方法的 SDF 提取率均较低;微波辅助酶法的 IDF 提取率最高,达

到了65.69%;酶-碱法的青麦仁种皮IDF提取率低于其他3种方法,仅达到28.24%。通过对比分析可知,酶-碱法提取青麦仁种皮中SDF为最优方法,微波辅助酶法提取IDF最优。

2.不同提取方法对青麦仁种皮膳食纤维总黄酮含量的影响

黄酮类化合物是指2个具有酚羟基的苯环(A-环与B-环)通过中央三碳原子相互连接而成的一系列化合物,化合物结构中常连接有酚羟基、甲氧基、甲基、异戊烯基等官能团。由于其羟基取代的高反应性和其吞噬自由基的能力,这些化合物具有抗氧化活性的潜力。一般来说,总黄酮含量越高,样品成分抗氧化性越强,可作为初步判定膳食纤维抗氧化特性的指标。

3.不同提取方法对青麦仁种皮膳食纤维羟自由基清除能力的影响

羟基自由基是一种性质活泼的自由基,具有很强的攻击性,是危害性最大的活性氧。它可以和绝大多数活细胞中的生物大分子发生各种类型的反应,特别是嘧啶和嘌呤,反应速率极高,可直接损坏生物膜,导致一系列疾病的产生和辐射性损伤,可将青麦仁种皮膳食纤维的羟自由基清除率作为判断其抗氧化性的依据。双酶法提取的SDF和IDF,其羟自由基清除率均达到最高,分别为26.95%和59.80%;超声辅助酶法次之,分别达到了17.96%和34.67%。不同提取方法得到的同种膳食纤维羟自由基清除率之间均存在显著差异性。与酶-碱法相比,双酶法、超声辅助酶法、微波辅助酶法等3种提取方法得到的膳食纤维羟自由基清除率均相对较高。

四、结论与讨论

青麦仁种皮中膳食纤维存在形式不是游离态,主要以络合物形态存在,与蛋白质、果胶等物质结合形成复合物。SDF和IDF的提取是通过破坏其络合物结合力,释放出游离态膳食纤维,进行提取纯化,得到纯度比较高的产品。

研究选择各种辅助蛋白酶酶解进行了高抗氧化性膳食纤维的制备,主要是因为蛋白酶能够水解蛋白质形成游离肽,释放游离膳食纤维,酶解的辅助方法能够加速SDF和IDF的释放。辅助方式的不同得到结果也不一致,碱性溶液有最适酶活,溶液的酶解率比较高,得到更多的水溶性膳食纤维;但碱性辅助容易破坏黄酮的结构,最终得到的青麦仁种皮SDF和IDF的抗氧化性比较弱,本实验结果证实,酶法、超声辅助酶法、微波辅助酶解法得到的SDF较少,IDF较多,这些方法对黄酮结构的破坏比较小,其抗氧化性比较好。研究利用酶-碱法、双酶法、超声辅助酶法、微波辅助酶法4种提取方法制备了青麦仁种皮SDF和IDF;通过测定DPPH自由基清除能力、还原能力、羟自由基清除能力,对SDF和IDF进行评价分析,确定了超声辅助酶法制备高抗氧化性SDF和双酶法制备高抗氧化性IDF的2种最优提取方法。实验结果说明,青麦仁种皮是很好地制备高抗氧化性膳食纤维原料。在下一步的研究中拟重点优化高抗氧化性SDF的超声辅助酶法及高抗氧化性IDF的双酶法提取工艺,为其产业化开发利用提供大量基础数据和理论支撑。

第四节 青麦仁中阿魏酸的分离提取

如图4-7,阿魏酸的化学名称为4-羟基-3-甲氧基肉桂酸(Ferulic acid,FA),是肉桂酸的衍生物之一,有较强的抗氧化性和还原性,见光容易分解。阿魏酸是一种具有许多独特功能的生物活性物质,既是抗氧化剂又是抗炎症因子,能够清除过量ROS达到抗氧化损伤,或直接清除自由基或产生自由基的酶,抑制血小板聚集、血栓素样物质释放达到抗血栓作用,抑制肝脏胆固醇合成达到降血脂作用,防治冠心病、防止动脉粥样硬化,对部分病毒或细菌有抑制作用,达到抗菌消炎的作用,还有抗辐射、免疫调节、提高精子活力、治疗男性不育等作用。

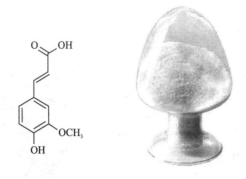

图4-7 阿魏酸的分子结构与实物图

目前,阿魏酸主要是通过从植物材料中提取和化学合成2种途径获得。化学合成是以香兰素为原料合成得到的。但该法获得的是顺式阿魏酸和反式阿魏酸的混合物,且反应时间长,效率低且得率低;从植物中提取获得阿魏酸主要是通过酸法、碱法和酶法以及三者改进法进行阿魏酸制备。由于木质素结构致密,酶解法的水解效率较低。而碱法尽管能够断裂酯键,释放出阿魏酸,但由于多糖、木质素及其单体等同时进入碱液,造成阿魏酸分离困难,而现有的纯化大多采用大孔树脂吸附法,操作烦琐,目标物损失严重;制备型液相色谱也有一定的局限性,比如流速太大造成目标物与杂质保留时间太近,影响收集率和纯度。

提取过程:将原料预先进行脱蛋白、淀粉及色素处理后,将已脱蛋白、淀粉、色素的原料青麦仁麸皮粉碎至40目,称取已处理的青麦仁麸皮5.0 g、氢氧化钠25.0 g、蒸馏水250 mL置于具塞试管中,室温下浸泡12 h进行提取(最好为18:00至次日6:00)。之后将离心液在离心条件为3 200 r/min离心15 min,并用蒸馏水水洗重复离心3次。将收集的离心液调节pH至4后,将酸性溶液抽滤,重复3次;酸化后的离心液以体积比1:1用乙酸乙酯进行萃取,重复3次后收集乙酸乙酯层得到澄清的淡黄色溶液。待旋转蒸发仪温度降至-10 ℃以下,转速调至50 r/min,蒸发温度55 ℃,烘箱温度80 ℃进行烘干,将残余乙酸乙酯完全去除。用250 mL的热水对阿魏酸进行溶解,重复3次并收集溶解液。得到的阿魏酸溶解液过0.45 μm微孔滤膜后冷冻干燥,结晶并收集可得纯度为90%以上、收集率80%以上的阿魏酸。

第五章 即食青麦仁制品的制作工艺

第一节 捻转的制作工艺及综合品质分析

捻转就是麦田里快成熟的麦子,半生的、没长硬软软的,在五月天气人们用镰刀割下来,即青麦仁,放火上烤,外面的皮烧成黑色,麦子接近熟制,用手将麦穗在木板上把麦籽柔搓下来成为麦粒,放入碾盘中间的碾眼里,在经过上面的磨盘和下面的磨盘来回转圈,两个碾盘缝里就会碾出又嫩又长的捻转,形状像是长的粗面条,见图5-1,加入油、鸡蛋及其他蔬菜炒制,味道鲜美。

据说制作捻转的历史已有1 000多年。中国沿秦岭—淮河一线分为南方和北方,南方的农作物主要是水稻、番薯等,而北方多产杂粮和小麦,

图5-1 捻转

因此南方以吃米为主,北方以吃面居多。北方小麦除部分地区有一年两季以外,多数地区是一年一季,这些地区的小麦大多是十月左右种,来年六七月之间收。那么在五月,小麦已经半熟,再等一个月就可以收获,此时的小麦还不能用来磨面,但一些农户等不及丰收想先尝尝鲜,便将这些还未成熟的小麦用一种方法做成了"捻转",以解"缺食"之急。

一、主要原料

青麦仁,蔬菜粉。

二、工艺和配方

1.工艺流程

青麦仁→清理→清洗→晾干→烘烤→冷却→碾磨→包装→杀菌→成品

2.配方

鲜食青麦仁、玉米、青豆三类谷物营养成分各不相同,将这些原料加工成深受人们喜爱的多谷物捻转产品,同时用香椿、香菇、黄豆、紫薯、秋葵、芝麻、抹茶、花生、菠菜、香草苗、胡萝卜、荠菜、芹菜及苦瓜赋予产品新的色泽、风味和营养。

三、质量标准

1.感官质量要求

感官质量要求见表5-1。

表5-1 感官质量要求

项目	评分标准	评分
色泽 及组织状态 (4分)	颜色翠绿,组织状态均匀,粗细均匀,长短一致	3~4分
	色泽偏黄较为暗淡,组织状态均匀,粗细较为均匀,长短较为一致	2~3分
	色泽较为暗淡,组织状态较为均匀,粗细较为均匀,长短较为一致	1~2分
	色泽黄褐暗淡,组织不均匀,粗细不均匀,长短不一致	0~1分
气味 (2分)	具有青麦仁固有香味,无其他不良气味	2分
	有淡淡青麦仁固有香味,无其他不良气味	1~2分
	无青麦仁固有香味,有其他不良异味	0~1分
口感 (4分)	有青麦仁特有香味,入口有嚼劲,不粘连,无颗粒感,无生淀粉味,无异味	3~4分
	有青麦仁特有香味,入口有嚼劲,不粘连,无生淀粉味,无异味,有轻微的颗粒感	2~3分
	略有青麦仁特有香味,略有嚼劲,不粘连,无生淀粉口味,无异味,有颗粒感,无异味	1~2分
	无青麦仁特有香味,无嚼劲,粘连,有生淀粉口味,有较强颗粒感,有异味	0~1分

2.理化指标及卫生指标

捻转理化指标及卫生指标参照《速冻捻转》(Q/HGMD 0001S—2018)。

四、生产加工过程的技术要求

(1)清理 青麦仁的清理过程通常使用的设备有初清机、振动筛、脱壳机、回转筛、比重筛等。

(2)清洗晾干 去皮后要清洗干净,然后晾干。

(3)烘烤 烘烤可以使青麦仁含水量达到适宜的程度,同时青麦仁中含有多种酶类和微生物,尤其是多酚氧化酶,若不进行灭酶处理,会使青麦仁颜色变黄,影响产品质量及货架期。加热处理即可灭酶,又能使青麦仁淀粉糊化和增加烘烤香味。一般可用烘箱或翻炒设备等。加热处理后的青麦仁必须及时进入下道工序加工或及时强制冷却,防止青麦仁中的油脂过热氧化。烘烤可设上温150 ℃,底温80 ℃,直至青麦仁含水量达到45%±1%(湿基),糊化度达到84%±1%。

(4)冷却 经烘烤后的青麦仁,冷却到常温时在进行捻磨。

(5)捻磨 青麦仁搓转的捻磨设备有传统石磨、捻转机等,碾磨过程中控制加料速度与分量,搓转捻出后及时收集装袋,捻磨设备使用前后及时清理以免微生物滋生。

(6)包装 一般采用气密性较好的材料,如镀铝薄膜、聚丙烯袋、聚酯袋。按需要进行 200 g、300 g、400 g 或 500 g 包装,封口后注明生产日期、质量等,再将小袋装入包装箱。

(7)杀菌　将包装好的撵转进行杀菌处理,以延长其保质期。

(8)储存　储存仓库应清洁干燥,通风卫生,无鼠虫害。成品不得与有易败变质、有不良气味或潮湿的物品同仓库存放。

(9)出库　成品入库必须依先进先出原则,依次出库;质检员严格按检验规则要求进行检验,并做好记录。

五、捻转营养保持加工技术

采用鼓风干燥、烤箱烘烤和炒锅炒制这 3 种干燥方式对青麦仁进行熟制干燥,分析其主要营养成分和色泽、感官品质方面的变化;采用 3 种不同包装方式包装捻转,测定其在储藏期间的营养品质及色泽变化,从而筛选出适合于捻转的包装方式,为以后的规模化生产提供支撑。

(一)实验方法

1.捻转制备工艺

取脱壳后的青麦仁 3 份,每份 1 kg,清洗沥水后,分别进行炒锅炒制(将青麦仁填至炒货机中,设置炒制温度 130 ℃,转速 45 r/min)、鼓风干燥(将青麦仁平铺于干燥箱隔板上,设置温度 55 ℃)、烤箱烤制(将青麦仁平铺于烤盘中,设置面温 150 ℃,底温 80 ℃)脱水,每隔 10 min 测定水分含量,每 0.5 h 测定糊化度;直至青麦仁含水量达到 45%±1%(湿基),糊化度达到 84%±1%,取出晾凉至室温,将石磨磨盘扣合,从进料口撒入少许干燥后的青麦仁,打开电源,磨盘转动后连续进料,保持出料速度匀速,于接收盘处收集捻转,通风处晾凉后包装。

2.捻转的包装工艺

将做好的捻转分别用 PE 包装袋封口,并做 PE 普通包装、真空包装(VP)、气调包装(MAP,70%N_2+30%CO_2)等 3 种不同方式处理,每袋样品 100 g,于 4 ℃条件下贮藏,每隔 1 天取样,测定感官、水分、pH 值、色差等指标,实验重复 3 次,取平均值。

3.理化指标测定

(1)蛋白质含量测定　参照《食品安全国家标准 食品中蛋白质的测定》(GB/T 5009.5—2016)中的凯氏定氮法。

(2)总淀粉含量测定　参照《食品安全国家标准 食品中淀粉的测定》(GB/T 5009.9—2016)中的旋光法。

(3)脂肪含量测定　参照《食品安全国家标准 食品中脂肪的测定》(GB/T 5009.6—2016)中的索氏抽提法。

(4)总黄酮得率的测定　标准曲线的绘制:精确称取与 120 ℃真空干燥至恒重的芦丁标准品 20 mg,置于 100 mL 容量瓶中,加 60%乙醇溶液,稀释至刻度,精确量取 25 mL,置于 50 mL 容量瓶中,稀释至刻度,摇匀即可得每 1 mL 含芦丁 0.1 mg 的标准溶液。精密量取芦丁标准溶液 0、1、2、3、4、5、6 mL,分别置于 25 mL 容量瓶中,用 60%乙醇补至 10 mL,滴加 5%的亚硝酸钠0.75 mL,反复振荡至摇匀,静置 5 min,再滴加 10%的硝酸铝溶液0.75 mL,反复振荡至摇匀,静置5 min,再加入4%的氢氧化钠溶液10 mL,摇匀,滴加60%的乙醇定容至刻度,摇匀,静置10 min,以不加芦丁对照品的溶液为空白对照,于510 nm波长处测定吸光度,以吸光值为纵坐标,质量浓度为横坐标绘制标准曲线,得回归方程:

$$y = 7.29x + 0.003 \quad (R^2 = 0.999\ 4) \tag{5-1}$$

总黄酮得率的测定:称取捻转2 g,按照1:40加入石油醚,混合均匀后放入超声清洗器里以400 W功率超声80 min,进行脱脂,脱脂完毕后将混合液在4 000 r/min条件下离心10 min,去除上清液,剩余残渣放入通风橱进行风干。将风干后的固体样品以1:30的固液比加入60%的乙醇,再次进行超声提取,超声完进行离心处理,取上清液,即为总黄酮的粗提液。取10 mL总黄酮提取液于25 mL的容量瓶中,按标准曲线制备方法测定其吸光度,代入回归方程计算含量,总黄酮得率计算公式如下:

$$总黄酮得率/(mg/g) = \frac{提取液中总黄酮质量}{原料的质量} \tag{5-2}$$

(5)叶绿素保存率测定　叶绿素的含量采用紫外–可见分光光度法测定,保存率计算公式为

$$叶绿素保存率 = \frac{x_1}{x_2} \times 100\% \tag{5-3}$$

式中　x_1——处理样品的叶绿素含量,mg/g;

x_2——原样品中叶绿素含量,mg/g。

(6)维生素C含量测定　采用标定2,6-二氯酚靛酚溶液法测定。

(7)色度测定　采用色彩色差计测定捻转的色泽。

(8)水分含量的测定　参照《食品安全国家标准　食品中水分的测定》(GB 5009.3—2016)中的直接干燥法。

(二)结果与分析

1.主要营养成分和感官评分

不同干燥方式中温度、时间、物料与加热装置的接触方式均会影响到产品的综合品质,包括营养品质与感官品质。将3种熟制方式下制成的捻转进行感官评价,并将3种捻转与青麦仁原料的主要营养成分含量进行对比。与青麦仁相比,3种熟制方式下的捻转样品总淀粉含量都显著升高,但3种捻转之间含量差异不显著(表5-2)。总淀粉含量升高,这一结果与郭婷等报道的甘薯粉的淀粉含量随干燥温度升高而增加的研究结果相一致。

熟制后样品蛋白质含量略有升高(烤制>烘制>炒制),高于青麦仁中蛋白质含量,这可能是由于在高温作用下,蛋白质中的氨基酸发生氨基转移和转化作用,使得最终捻转产品中含氮化合物升高,从而使凯氏定氮法测得的蛋白质含量升高(表5-2)。

炒制捻转脂肪含量显著小于青麦仁中脂肪含量,其余2种熟制方式脂肪含量变化不明显(表5-2)。熟制脱水的过程随着温度的升高,样品中的粗脂肪可能由于热的作用造成损失,而烘炒机在炒制青麦仁时,采用电热管、电热丝的加热方式,利用滚筒传热,物料表面受热温度较高,脂肪等营养成分随水分快速流失。

3种熟制方式捻转的总黄酮得率、叶绿素保存率、维生素C含量与鲜样相比均有不同

程度的减小,总黄酮得率为烘制>烤制>炒制,叶绿素保存率为烤制>烘制>炒制,维生素 C 为烘制>炒制>烤制;感官评分的结果为烤制>炒制>烘制(表5-2)。

总黄酮、叶绿素、维生素 C 等营养物质对高温处理较为敏感,长时间的高温处理会破坏这类营养成分。烘制方式采用较低的温度因此能较好地保存青麦仁中这类热敏性的营养物质。烘炒机在炒制过程中青麦仁与高温滚筒直接接触,同时空气流通较快,而氧气则是酶促褐变发生的必要条件,因此,导致青麦仁的氧化褐变,叶绿素保存率较低。但烤制与炒制的方式对青麦仁进行了高温加热处理,有助于青麦仁中风味成分的释放,因此,高温熟制后的青麦仁捻转口感较好,感官评分高于低温烘制的捻转。

表5-2 不同干燥方式捻转的主要营养成分和感官评分

指标	不同熟制方式			
	青麦仁(对照)	炒制捻转	烤制捻转	烘制捻转
总淀粉/%	56.44±0.52b	59.11±0.63a	59.07±0.48a	59.02±0.64a
蛋白质/%	10.89±0.31b	11.31±0.54ab	11.58±0.15a	11.44±0.03ab
脂肪/%	1.32±0.05a	1.18±0.05b	1.29±0.01a	1.31±0.01a
总黄酮得率/(mg/g)	1.05±0.05a	0.81±0.03b	0.82±0.03b	0.86±0.03b
叶绿素保存率/%	100.00±0.00a	80.69±0.22a	98.26±0.10a	96.24±0.19a
维生素 C/(mg/100 g)	10.78±0.21a	6.60±0.07c	4.51±0.17d	8.86±0.16b
感官评分	—	86.25±0.86b	95.36±1.12a	78.64±0.95c

注:同行不同小写字母表示差异显著($p<0.05$)。

在实验过程中,当感官评分低于6.0分时,可以认为捻转的商品价值开始逐渐下降,产品整体质量不可接受,有效贮藏期结束。

由表5-3可以看出,随着储藏时间的延长,经3种不同包装方式处理的捻转,其感官品质均发生一定程度劣变,其中气调包装条件下样品的劣变速度最为缓慢,真空包装次之,PE 普通包装样品品质下降最快,在第2天时3种包装方式的样品评分不存在显著性差异($p>0.05$),从第4天开始,PE 普通包装的样品与真空、气调包装的样品评分开始存在显著性差异($p<0.05$),但其整体评分仍在6分以上,整体可以接受,第8天时,PE 普通包装和真空包装的样品评分均低于6分,产品整体可接受度较低,而气调包装的样品仍维持较高的评分,说明气调包装能够比较稳定地维持捻转的色泽、气味和口感,延缓其感官品质的劣变速度。

表5-3 不同包装方式对捻转感官品质的影响

储藏时间/天	PE(聚乙烯)普通包装	真空包装	气调包装
0	8.39±0.59a	8.39±0.59a	8.39±0.59a
2	7.52±0.52a	7.84±0.35a	7.85±0.07a
4	6.30±0.30c	7.57±0.32ab	7.33±0.21b
6	6.03±0.21c	6.77±0.15b	7.25±0.21a
8	4.83±0.06c	5.15±0.07b	7.10±0.10a
10	2.53±0.29c	3.50±0.20b	6.27±0.15a

注:同行不同小写字母表示差异显著($p<0.05$)。

2.不同包装方式对捻转水分含量的影响

水分是食品的重要组成部分,也是影响食品品质的关键因素,食品在储藏过程中水分含量的变化,除了引起产品的损耗,还会影响产品的色泽、风味、质地、营养价值和储藏期等。由图5-2看出,随着储藏时间的延长,水分含量均呈下降趋势,样品中的水分蒸发产生干耗,在储藏的前6天,PE普通包装和真空包装方式的样品水分含量不存在显著性差异($p>0.05$),到储藏后期时,3种包装方式的捻转水分含量存在显著性差异($p<0.05$),在第10天时,PE普通包装和真空包装的样品水分含量分别由开始时的43.08%降至38.44%和40.99%,两者水分含量降幅较大,而气调包装样品的水分含量为42.78%,其样品失水率较小。由此可以看出,与其他两种包装方式相比,气调包装能够更好地维持样品的含水量,降低产品的损耗,保证产品品质的稳定性。

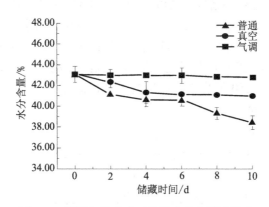

图5-2　不同包装方式对捻转水分含量的影响

(三)结论

本部分研究了烘制、炒制和烤制3种熟制方式对青麦仁进行处理,考察了捻转产品的部分营养成分,综合分析不同熟制方式制备的捻转的整体品质。从主要营养成分和感官评价上来看,烤制与烘制方式得到的捻转产品的蛋白质、脂肪、总黄酮得率及叶绿素保存率等主要营养成分含量均较高于炒制方式的捻转,对营养成分的保持较好。

六、捻转制作过程中理化性质及蛋白质特性的变化

捻转的制作原料青麦仁主要成分为蛋白质和淀粉,蛋白质是食品中三大营养素之一,蛋白质对食品的色、香、味及组织结构等具有重要意义,温度和机械处理会导致蛋白质发生变性,食品加工过程中理化性质的改变会直接影响食品的口感、质量及储存时间,食品蛋白的功能特性也会对其加工特性产生影响。王晓培等研究显示,湿热改性处理后大米理化性质发生改变,从而影响大米的品质。李杰等研究表明,高温、高压、高剪切力会导致粮油中的蛋白结构组织化,形成纤维状仿肉结构,从而改善食品的口感,同时也影响粮油蛋白的营养价值。刘芳等研究中也指出热处理会导致大米蛋白结构发生改变。

捻转制作过程中蒸煮、烤制或炒制等湿热处理及物理碾压处理对原料性质的变化

会最终影响捻转的品质,但目前对捻转的研究主要集中在产品的工艺优化和储藏包装方式上等,对制作过程中蛋白质特性及品质变化的研究鲜见报道。因此本实验选取捻转制作过程中三个主要阶段的样品速冻青麦仁、烤制青麦仁和捻转为对象,研究捻转制作过程中原料理化性质及蛋白质特性的变化,旨在揭示制作过程中湿热处理及碾压处理对捻转品质特性的影响,为捻转加工、储藏过程中品质的保持提供理论依据和技术参考。

(一)实验方法

1.样品制作工艺流程及样品准备

(1)新鲜青麦仁　速冻青麦仁→解冻→清洗→沥水。

(2)烤制青麦仁　速冻青麦仁→解冻→清洗→沥水→烤制。

(3)捻转　速冻青麦仁→解冻→清洗→沥水→烤制→冷却→挤压→捻转。

(4)操作要点　速冻青麦仁自然解冻后,用蒸馏水清洗,倒置于滤网中沥水 25 min,放置于烤盘上,平摊均匀,再放置于烤箱中烤制 25 min(设置温度:上温 154 ℃,下温 84 ℃),取出后自然冷却 15 min,打开电石磨,均匀进料,碾压成捻转。取新鲜青麦仁、烤制青麦仁、捻转 3 个样品,50 ℃烘干粉碎后过 100 目筛,测定可溶性糖、总酚、糊化度、持水性及持油性等理化指标。

2.基本理化指标的测定

水分含量的测定参照《食品安全国家标准　食品中水分的测定》(GB 5009.3—2016);灰分含量的测定参照《食品安全国家标准　食品中灰分的测定》(GB 5009.4—2016);蛋白质含量的测定参照《食品安全国家标准　食品中蛋白质的测定》(GB 5009.5—2016);脂肪含量的测定参照《食品安全国家标准　食品中脂肪的测定》(GB 5009.6—2016)。蛋白质、脂肪、灰分含量均以干基表示。

3.色泽的测定

采用色差仪进行测定。每个样品随机选择测定 3 次,记录 L^* 值、a^* 值、b^* 值,L^* 值表示明暗度,L^* 值从 0~100 代表从黑暗到明亮的变化;a^* 值表示红绿度,$-a^*$ 到 $+a^*$ 代表从绿色到红色的变化;b^* 值表示黄蓝度,$-b^*$ 到 $+b^*$ 代表从蓝色到黄色的变化。

4.质构的测定

采用 TMS-PRO 质构仪进行测定。参数设定:TPA 模式,探头直径 50 mm,测试前速率 1.0 mm/s,测试时速率 1.0 mm/s,测试后速率 1.0 mm/s,探头高度 40 mm,探头两次测定时间间隔 5 s,形变量 50%,起始力 2 N。记录硬度、弹性、咀嚼性、黏附性和胶黏性等。

5.总酚的测定

以没食子酸为标准品,采用紫外-可见分光光度法在 765 nm 处测定吸光度,得到回归方程为

$$y = 2.167\ 5x + 0.008\ 7\ (R^2 = 0.998\ 6) \tag{5-4}$$

总酚含量计算公式如下

$$K = \frac{a \times b}{m} \tag{5-5}$$

式中　K——样品中多酚的提取量,mg/g;

　　　　a——表示提取液中的多酚质量浓度,mg/mL;

　　　　b——待测液体积,mL;

　　　　m——为所称取样品的质量,g。

6.糊化度的测定

采用 β-淀粉酶酶解法测定淀粉的糊化度。

7.可溶性糖的测定

采用蒽酮比色法测定。以葡萄糖量为横坐标,以吸光度为纵坐标绘制出的标准曲线为

$$y = 0.006\,9x + 0.000\,2\,(R^2 = 0.998\,3) \tag{5-6}$$

8.持水性、持油性的测定

参照 Haskard 等的方法测定。

9.傅里叶红外光谱

参照 Liao 等的方法,对 3 种样品粉进行傅里叶红外光谱分析。傅里叶交换红外光谱仪测定的波段范围为 $400\sim4\,000\ \text{cm}^{-1}$,室温为 20 ℃,扫描次数为 64 次,分辨率 4 cm^{-1}。

10.SDS-PAGE 聚丙烯酰胺凝胶电泳的测定

将新鲜青麦仁粉、烤制青麦仁粉及成品捻转粉先进行碱液浸提、浆液离心,再调 pH 至等电点沉淀,离心,最后将沉淀复溶后进行冷冻干燥,得到分离蛋白。

配置 4 mg/mL 蛋白样品溶液,样品缓冲液为 Tris-甘氨酸缓冲液(3.03 g Tris、14.41 g 甘氨酸、1.00 g 1% SDS 定容至 1 L,调节 pH 至 8.3),用 Marker 做标记,开始电泳。

配制 5% 的浓缩胶和 12% 的分离胶,待凝固后上样。恒定电流为浓缩胶 10 mA,分离胶 20 mA;上样量 15 μL,考马斯亮蓝 R-250 溶液染色 120 min 后脱色,进行成像分析。

(二)结果分析

1.捻转制作过程中基本组分的变化

速冻青麦仁、烤制青麦仁及捻转在制作过程中的基本组分变化见表 5-4。捻转制作过程中水分含量的变化见图 5-3。

表 5-4　捻转制作过程中基本组分的变化

类别	水分含量/%	灰分/%	蛋白质/%	脂肪/%
速冻青麦仁	57.30±1.24a	1.52±0.04a	11.48±0.04a	1.93±0.01a
烤制青麦仁	49.08±1.60b	1.22±0.07b	9.54±0.07b	1.76±0.01b
捻转	45.21±0.18c	1.09±0.04c	9.29±0.02c	1.23±0.03c

注:平均值±标准差同一列均值有不同英文字母上标者表示存在显著性差异($p<0.05$),下同。

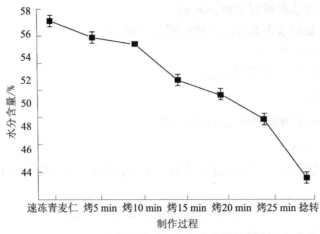

图5-3　捻转制作过程中水分含量的变化

由表5-4可知,速冻青麦仁、烤制青麦仁及捻转3个样品的水分、灰分、蛋白质、脂肪含量在制作过程中均变化显著($p<0.05$)。在制作过程中,灰分、蛋白质和脂肪含量分别减少了0.43%、2.19%和0.7%,研究表明,加热和挤压处理可导致蛋白发生变性、解离、聚集、降解等,蛋白亚基通过静电引力、疏水性、氢键和二硫键共同作用使蛋白质分子重新排列,从而形成可溶的蛋白-脂肪或蛋白-蛋白复合蛋白,而国内外关于加热和挤压造成蛋白含量降低的报道较少,因此蛋白含量降低有部分原因可能是实验误差引起的;挤压处理理论上不会造成脂肪含量的减少。捻转制作过程中青麦仁的水分含量与捻转成型密切相关,含水量过高易发生粘连,过低则易碾碎,难成条;在捻转制作过程中,烘烤10 min后,水分含量下降幅度增大(图5-3),碾磨过程中水分含量降低幅度最大,烘烤青麦仁水分含量为49%左右,捻转成品水分含量在45 %左右,此时制成的捻转软硬适中,易成型,外观状态好。

2.捻转制作过程中质构特性及色泽的变化

速冻青麦仁、烤制青麦仁及成品捻转在制作过程中的质构特性及色泽变化见表5-5。

表5-5　捻转制作过程中质构特性及色泽的变化

类别	硬度/N	弹性/mm	咀嚼性	L^*	a^*	b^*
速冻青麦仁	127.22±14.42a	1.58±0.04a	97.08±16.77a	32.99±1.99b	−3.28±0.37a	18.96±0.62a
烤制青麦仁	101.08±11.19b	1.25±0.03b	61.30±10.35b	33.65±2.35b	−1.85±0.30b	17.44±1.29b
捻转	32.12±4.26c	0.96±0.04c	14.66±1.97c	48.41±2.16a	−1.68±0.31b	17.62±1.30ab

质构指标可以客观反映产品的感官品质,由表5-5可知,速冻青麦仁、烤制青麦仁及成品捻转在制作过程中的硬度、弹性和咀嚼性均有显著性变化($p<0.05$),烤制青麦仁、捻转的硬度、弹性和咀嚼性都减小,硬度和咀嚼性反映样品的坚实度,说明经烤制和碾压处理青麦仁质地变软,尤其制作成捻转后,成品硬度较小,弹性适中,咀嚼性小,口感软糯,适口性较好。在制作过程中,色泽也发生了明显变化,从L^*值来看,与速冻青麦仁及烤制青麦仁相比,捻转的颜色较浅,偏明亮;由a^*值变化可以看出,经烤制、碾压后青麦仁绿色变弱,这可能是由于速冻青麦仁中的叶绿素在漂洗、烤制和碾压过程中部分流失或

分解。由 b^* 值可知,3 个样品黄色值相差不大。

3.捻转制作过程中持水性、持油性及其他品质成分含量的变化

速冻青麦仁、烤制青麦仁及成品捻转在制作过程中的持水性、持油性及其他品质成分变化见表 5-6。

表 5-6　捻转制作过程中持水性持油性及品质成分含量变化

类别	可溶性糖含量/%	总酚/(μg/g)	持水性/(g/g)	持油性/(g/g)	糊化度/%
速冻青麦仁	1.86±0.15a	12.02±0.09a	1.37±0.12a	0.81±0.05b	41.59±0.21c
烤制青麦仁	1.82±0.21a	10.37±0.26b	1.01±0.31b	0.87±0.21b	46.56±0.32b
捻转	1.72±0.06b	7.80±0.32c	0.96±0.07c	0.97±0.23a	50.04±0.18a

捻转制作过程中 3 个阶段的总酚含量、持水性和糊化度有显著变化($p<0.05$)。可溶性糖和总酚的含量分别减少了 0.14% 和 4.22 μg/g,可溶性糖含量减少其原因可能是因为在烘烤和碾压过程中葡萄糖和果糖参与了美拉德反应导致含量降低;总酚含量减少较多,这也是由于热处理和碾压加工引起的;同时,捻转制作过程中经高温烘烤和碾压处理,淀粉结构被破坏,青麦仁糊化度不断升高。

由表 5-6 可知,捻转制作过程中,速冻青麦仁、烤制青麦仁粉及捻转粉的吸水能力降低、吸油能力增强,持水力的差异与淀粉内部束水的位置不同有关,主要是由淀粉分子内部羟基与分子链或水形成氢键和共价键结合所致,青麦仁经烘烤和碾压处理,水分含量减小,内部持水能力降低,持水性为 0.96 g/g;持油性升高主要与纤维结构的孔隙率密切相关,制作成捻转后,青麦仁表皮纤维结构被破坏,成品组织结构孔隙度增加,导致捻转持油能力增加。经烤制、碾压后糊化度增加了 8.45%。

4.捻转制作过程中的傅里叶红外光谱分析

速冻青麦仁、烤制青麦仁及成品捻转的红外光谱图见图 5-4。

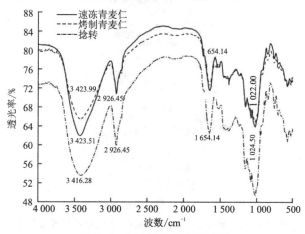

图 5-4　3 种样品红外光谱图

图 5-4 表示 3 种样品在 500~4 000 cm⁻¹ 波段拟合特征曲线图,比较捻转制作过程中 3 个样品的红外光谱图,可知 3 个样品红外光谱整体相似,波数位置也较为接近,吸收峰

的走向趋势基本一致但不完全重合,这表明其内含成分的组成基本一致,但各物质的含量存在差异。由图 5-4 可知,碳水化合物—OH 伸缩振动对应 3 300～3 600 cm^{-1},—CH$_2$—伸缩振动对应 2 926.45 cm^{-1}吸收峰,酰胺 I(C═O)波数对应 1 700～1 600 cm^{-1}。青麦仁蛋白与小麦蛋白所含二级结构一样,都包含 α-螺旋、β-折叠、β-转角和无规则卷曲。利用 Omnic 8.2 和 Peakfit 4.12 软件进行计算,由表 5-7 可知,捻转制作过程中,蛋白的吸收峰发生了偏移,二级结构含量组成也发生了变化,这说明烤制和碾压对分离蛋白的二级结构都有不同程度的影响。经烤制和碾压加工后,α-螺旋、β-折叠的含量分别减少了 5.60% 和 3.67%,其中 α-螺旋结构含量下降明显($p<0.05$),捻转中 β-转角和无规则卷曲结构的含量分别增加了 3.80% 和 6.57%,研究表明样品蛋白经过挤压热处理后,蛋白质间的疏水相互作用导致蛋白质发生聚集,从而导致蛋白质结构发生变化。Mills 研究也发现热处理会导致蛋白质二级结构中 β-折叠含量的下降。捻转制作过程中蛋白质二级结构的变化也说明碾压和烘烤处理会导致制作过程中捻转蛋白分子构象发生改变,形成新的稳定状态,从而影响捻转的品质。

表 5-7　捻转制作过程中 3 种样品蛋白质二级结构含量

类别	α-螺旋/%	β-折叠/%	β-转角/%	无规则卷曲/%
速冻青麦仁	30.71±0.02a	26.46±0.21a	17.32±0.26b	11.03±0.21b
烤制青麦仁	29.81±0.09b	26.34±0.11a	17.31±0.10b	10.89±0.15b
捻转	25.11±0.15c	22.79±0.08b	21.11±0.03a	17.46±0.17a

5.捻转制作过程中的 SDS-PAGE 聚丙烯酰胺凝胶电泳分析

速冻青麦仁蛋白、烤制青麦仁蛋白及捻转蛋白制作过程中的电泳图见图 5-5。

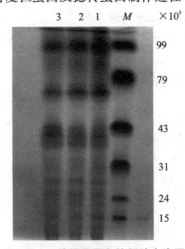

图 5-5　3 种样品蛋白的凝胶电泳图

注:M 表示低分子量标准蛋白,1 表示速冻青麦仁蛋白,2 表示烤制青麦仁蛋白,3 表示捻转蛋白

由图 5-5 可知,3 个样品蛋白质条带数目、位置没有明显的差异,表明在捻转制作过程中烘烤和碾压对其蛋白质种类并不造成影响。由图 5-5 可知,3 个样品蛋白的条带位置相似,由蛋白 Marker 分子量对数与相对迁移率(相对迁移率指电泳谱带上端到电泳前

沿的距离)作标准曲线。如图 5-6 所示,得分子量对数与相对迁移率关系式 $y=-0.008\,3x+2.032\,6$,$R^2=0.993\,3$。将蛋白条带相对迁移率带入公式得分子量对数,三种蛋白分子量见表 5-8。主要有 6 条可见的电泳带,集中在 94×10^3、62×10^3、43×10^3 这三个清晰的蛋白条带,和 39×10^3、25×10^3、21×10^3 这三条不太明显的低分子量条带。三个样品蛋白的条带深浅不同,速冻青麦仁(样 1)在 99×10^3 处条带较为明显,比烤制青麦仁(样 2)和捻转(样 3)颜色更深;捻转(样 3)在 40×10^3 处具有比速冻青麦仁(样 1)和烤制青麦仁(样 2)更深的电泳条带;由蛋白质条带的可辨程度和染色深浅可见,速冻青麦仁蛋白质含量较高。

表 5-8　SDS-PAGE 蛋白分子量

速冻青麦仁	相对迁移率/ mm	7	28	48	51.5	74.5	84
	分子量/$\times10^3$	94.30	63.12	43.07	40.29	25.96	21.65
烤制青麦仁	相对迁移率/ mm	7.5	28.5	47.5	52	75	83.5
	分子量/$\times10^3$	93.40	62.52	43.49	39.90	25.71	21.85
捻转	相对迁移率/ mm	6.5	29	49	52.5	75.5	84.5
	分子量/$\times10^3$	95.20	61.93	42.26	39.52	25.47	21.44

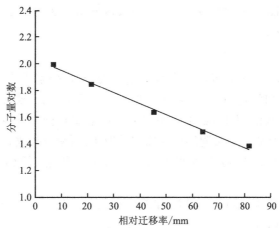

图 5-6　标准蛋白凝胶电泳分子量对数与相对迁移率曲线

(三)结论

蛋白是食品中的重要营养成分,与人体健康密切相关。捻转加工过程中的高温、碾压处理不仅会导致原料营养成分发生变化,同时也会导致蛋白质结构发生变化,造成捻转产品感官品质发生变化。本研究选取捻转制作过程中的三个不同阶段的产品,研究其组成成分和蛋白质结构变化,揭示捻转产品在加工过程中主要成分及蛋白质的变化情况。由研究结果可知,速冻青麦仁、烤制青麦仁和成品捻转在制作过程中的水分、脂肪、灰分含量减少,总酚和可溶性糖含量分别减少了 0.14% 和 4.22 μg/g,持水能力降低,持水性仅为 0.96 g/g,糊化度和持油能力变大。烘烤青麦仁水分含量为 49% 左右,捻转成品水分含量在 45% 左右,此时制成的捻转软硬适中,易成型,外观状态好。感官品质中三个样品硬度、弹性、咀嚼性减小,捻转制作过程中样品颜色变浅、绿色减弱。捻转制作过程中的蛋白质含量下降,二级结构含量发生改变,α-螺旋、β-折叠的含量分别减少了5.60%和3.67%,β-转角和无规则卷曲的含量分别增加了3.80%和6.57%。电泳结果表明在制作过程中烘烤处理和碾压对蛋白质种类无显著影响,但不同分子量蛋白质含量不同。

七、青麦仁捻转不同熟制方式挥发性风味成分检测

本部分采用鼓风干燥、烤箱烘烤和炒锅炒制这3种干燥方式对青麦仁进行熟制干燥,采用GC-MS分析不同干燥方式对捻转挥发性风味成分的影响,初步探究其香气形成机理,同时结合不同熟制方式的实际能耗,为捻转在不同加工条件下干燥方式的选取提供理论基础。

(一)实验方法

1.捻转制备工艺

取脱壳后的青麦仁3份,每份1 kg,清洗沥水后,分别进行炒锅炒制(将青麦仁填至炒货机中,设置炒制温度130 ℃,转速45 r/min)、鼓风干燥(将青麦仁平铺于干燥箱隔板上,设置温度55 ℃)、烤箱烤制(将青麦仁平铺于烤盘中,设置面温150 ℃,底温80 ℃)脱水,每隔10 min测定水分含量,每0.5 h测定糊化度;直至青麦仁含水量达到45%±1%(湿基),糊化度达到84%±1%,取出晾凉至室温,将石磨磨盘扣合,从进料口撒入少许干燥后的青麦仁,打开电源,磨盘转动后连续进料,保持出料速度匀速,于接收盘处收集捻转,通风处晾凉后包装。

2.GC-MS分析挥发性风味成分

将经3种不同加工方式处理后的青麦仁制成捻转后,分别进行GC-MS分析。先将固相微萃取头在进样口活化20 min,活化温度250 ℃,称取10 g新鲜样品用研钵研碎后,置于萃取瓶中,放入水浴锅中60 ℃加热20 min,用固相微萃取头60 ℃条件下萃取100 min,吸附挥发性物质。待吸附结束后取出萃取头,将萃取头放入进样口,并启动仪器采集数据,在进样口250 ℃不分流解吸5 min后,拔出萃取头进行GC-MS检测。

GC条件如下。

色谱柱:进样口温度250 ℃;弹性石英毛细管柱HP-5MS Phenyl Methyl Siloxane(30 m×250 μm,0.25 μm)。

柱箱程序升温过程:35 ℃保持4 min,然后以5 ℃/min到230 ℃。

载气:高纯氮气(99.999%),流速1.0 mL/min。

进样方式:不分流进样;无溶剂延迟。

MS条件:电子轰击式离子源(EI),离子源温度为230 ℃,离子化能量为70 eV,气质接口温度为250 ℃,质量扫描范围为30~550 m/z。

定性与定量分析:参考有关文献,再结合保留时间、MS、人工图谱解析,将检测物与NIST 08.LIT谱库中的标准化合物比对鉴定,对匹配度高于800(满分1 000)的风味成分进行分析,确定挥发性成分的化学组成。按面积归一化法进行定量分析,各分离组分相对含量按下式计算

$$相对含量 = \frac{分离组分的峰面积}{总峰面积} \times 100\% \qquad (5-7)$$

(二)结果与分析

3 种熟制方式对应的总离子流色谱图如图 5-7~图 5-9 所示,挥发性成分及相对含量如表 5-9 所示,经 3 种不同加工工艺所得捻转产生的挥发性气体成分共检测到 29 种。其中烘制、烤制、炒制的捻转分别鉴定出 24 种、16 种和 26 种挥发性气体。青麦仁经过熟制碾磨制成捻转的过程中,各类化学成分相互作用、反应生成不同的风味物质。将各类挥发性成分进行分类,结果如表 5-10 所示,3 种加工工艺产生的挥发性气体成分的种类有醛类、呋喃、醇类、酮类、烃类和其他含量较少的物质,其中醛类物质从种类和相对含量上来看都较多,烤制产生的醛类物质相对含量为 71.56%,共 7 种;烘制产生的醛类物质相对含量为 69.39%,共 8 种;炒制产生的醛类物质相对含量为 70.55%,共 9 种。种类数和相对含量较少的是酯类和其他类的物质分别由烘制和炒制方式产生,相对含量分别为 0.48%和 0.81%,各 1 种。

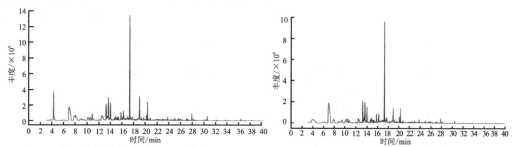

图 5-7　炒制捻转的挥发性成分总离子流色谱图　图 5-8　烘制捻转的挥发性成分总离子流色谱图

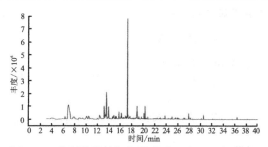

图 5-9　烤制捻转的挥发性成分总离子流色谱图

表 5-9　不同干燥方式捻转挥发性成分结果

组分	保留时间/min	组分	分子式	相对含量/%		
				烘制	烤制	炒制
醛类	6.93	正己醛	$C_6H_{12}O$	30.60	29.91	23.02
	8.13	糠醛	$C_5H_4O_2$			3.19
	8.83	反-2-己烯醛	$C_6H_{10}O$	1.38		
	10.50	庚醛	$C_7H_{14}O$	3.13	2.84	2.57
	12.41	2-庚烯醛	$C_7H_{12}O$	2.87	1.44	1.25
	15.82	反-2-辛烯醛	$C_8H_{14}O$		2.83	2.54

续表 5-9

	保留时间/min	组分	分子式	相对含量/%		
				烘制	烤制	炒制
醛类	17.33	壬醛	$C_9H_{18}O$	23.31	28.24	28.60
	18.98	2-壬烯醛	$C_9H_{16}O$	4.71	3.31	4.96
	20.35	癸醛	$C_{10}H_{20}O$	2.76	2.99	3.70
	20.82	2,6,6-三甲基-1-环己烯-1-羧醛	$C_{10}H_{16}O$	0.63		0.72
醇类	13.23	1-辛烯-3-醇	$C_8H_{16}O$	8.78	6.95	7.20
	15.21	3,5-辛二烯-2-醇	$C_8H_{14}O$	0.92	0.99	0.85
	16.15	2-辛烯-1-醇	$C_8H_{16}O$	1.64		0.99
	25.94	(-)-醋酸异长叶醇	$C_{17}H_{29}O_3$	0.36		
酯类	30.54	2-甲基-1-叔-丁基-2-甲基-1,3-丙二醇丙酸酯	$C_{16}H_{30}O_4$	0.48	1.09	0.97
	36.35	邻苯二甲酸二丁酯	$C_{16}H_{22}O_4$		0.53	0.38
酮类	13.50	6-甲基-5-庚烯-2-酮	$C_8H_{14}O$	3.95		1.94
	16.95	3,5-辛二烯-2-酮	$C_8H_{12}O$			1.47
	27.02	反-6,10-二甲基-5,9-十一烷二烯-2-酮	$C_{13}H_{22}O$	0.28		0.45
	27.90	4-(2,6,6-三甲基-1-环己烯-1-基)-3-丁烯-2-酮	$C_{13}H_{20}O$	0.85	1.37	1.35
烃类	14.83	1,4-二甲基-4-乙烯基环己烯	$C_{10}H_{16}$			0.41
	19.68	萘	$C_{10}H_8$	0.64	0.71	0.88
	20.17	十二烷	$C_{12}H_{26}$	1.67	1.65	1.27
	22.99	2,6,10,14-四甲基十七烷	$C_{21}H_{44}$	0.39		0.38
	25.64	十四烷	$C_{14}H_{30}$	0.31		0.36
	28.14	2,6,10-三甲基十四烷	$C_{17}H_{36}$	0.28		0.17
呋喃	13.64	2-正戊基呋喃	$C_9H_{14}O$	8.27	13.88	9.57
其他	14.62	均三甲苯	C_9H_{12}	0.41		
	14.71	1-甲基-3-(1-甲基乙基)苯	$C_{10}H_{14}$	1.38	1.27	0.81

表 5-10　不同干燥方式捻转挥发性气体成分含量及分类

类别	相对含量/%			种类数		
	烘制	烤制	炒制	烘制	烤制	炒制
醛类	69.39	71.56	70.55	8	7	9
醇类	11.70	7.94	9.04	4	2	3
酯类	0.48	1.62	1.35	1	2	2
酮类	5.08	1.37	5.22	3	1	4
烃类	3.29	2.36	3.46	5	2	6
呋喃	8.27	13.88	9.57	1	1	1
其他	1.79	1.27	0.81	2	1	1

　　醛类物质中,相对含量较高的是正己醛和壬醛,在 3 种熟制方式中的含量分别为:烤制 29.91%和 28.24%,烘制 30.60%和 23.31%,炒制 23.02%和 28.60%。醛类物质属于羰基化合物,是一类阈值较低、易挥发的风味物质,如正己醛呈现出的油脂和青草气味,壬醛则具有强的油脂气味,是茶叶中的挥发性气味,这些醛类物质的产生可能正是由于脂肪的氧化降解,也因此赋予了青麦仁捻转特有的香气。

　　捻转产生的呋喃类物质为 2-正戊基呋喃,其中烤制方式的呋喃类物质含量为 13.88%,烘制、炒制的捻转含量为 8.27%和 9.57%。该物质是典型的油脂氧化产物,具有豆香、果香、青香及类似蔬菜的香气,其相对含量仅次于醛类,可认为呋喃类也是捻转的主要风味物质之一。

　　醇类物质中,烘制、烤制、炒制 3 种方式熟制后产生的醇类主要为 1-辛烯-3-醇(8.78%、6.95%、7.20%)。醇类物质阈值较高,通过脂肪氧化反应产生,达到一定浓度后能充分发挥其呈味价值。其中 1-辛烯-3-醇具有蘑菇、薰衣草、玫瑰和甘草香气,为捻转的呈味做出了一定的贡献。

　　烤制和炒制工艺产生的酯类物质种类多于烘制方式,含量分别为 1.62%和 1.35%,可能是由于在高温处理的过程中美拉德反应的程度较为剧烈,即淀粉水解的糖类与氨基酸在加热时经过一系列反应后生成了酯类物质。

　　(三)结论

　　本实验研究了烘制、炒制和烤制 3 种熟制方式对青麦仁进行处理,对其中的风味物质进行了检测。捻转的挥发性风味成分分析方面,烘制、烤制和炒制的捻转分别鉴定出 24 种、16 种和 26 种挥发性气体,主要的挥发性气体成分为醛类、呋喃和醇类,熟制后的捻转中主要的风味物质为正己醛、壬醛、2-正戊基呋喃、1-辛烯-3-醇,而烤制的捻转中醛类、酯类和呋喃类的相对含量丰富,在 3 种熟制方式中还检测出酯类、酮类、烃类及少量其他的风味物质,不同的熟制方式产生的风味物质种类和相对含量均有一定的差异,因此,形成了不同风味的捻转。总体来说,烤箱烤制得到的捻转综合品质和风味均较好。本研究为传统食品捻转的干燥技术的创新、应用和推广提供了理论依据。

第二节 "养生三宝"的制作工艺

一、主要原料

鲜食青麦仁、鲜食玉米粒、鲜食青豆。

二、配方和工艺

1.工艺流程

青麦仁、鲜玉米、青豆→清洗→漂烫→沥干→速冻→分装→真空包装→成品。

将速冻青麦仁、玉米、青豆用小水流冲洗解冻,沥水后在 95 ℃沸水中熟制 2 min,待煮熟后沥出,分装,真空包装,于 120 ℃条件下杀菌 15 min。

2.种类

鲜食青麦仁、玉米、青豆三类谷物营养成分各不相同,将这些原料按不同配比进行加工熟制包装,制作成不同种类的"养生三宝"。

三、质量标准

1.感官质量要求

感官评价标准见表 5-11。

表 5-11 感官评价标准

项目		评分标准	得分
感官品质	色泽	颜色鲜绿	8~10 分
		颜色偏黄	5~7 分
		颜色枯黄	0~4 分
	气味	鲜食谷物特有香味	8~10 分
		鲜食谷物香气较淡	5~7 分
		无鲜食谷物香气	0~4 分
	滋味	咀嚼性好	8~10 分
		咀嚼性较好	5~7 分
		口感差,咀嚼性差	0~4 分
	组织状态	籽粒饱满	8~10 分
		籽粒较饱满	5~7 分
		籽粒不饱满	0~4 分

2.理化指标及卫生指标

理化指标及卫生指标参照《小麦青麦仁》(T/SYMBJY 000.005—2020)。

四、生产加工过程的技术要求

（1）清洗　将青麦仁、鲜玉米、青豆置于清洗设备中进行清洗，以清除籽粒残留的杂质。

（2）漂烫　①漂烫温度控制在 95~105 ℃，时间 2~4 min，压力为 0.5 MPa。②漂烫时要注意青麦仁、鲜玉米、青豆籽粒不宜受热过度，避免籽粒表皮皱缩或开裂（开花），影响产品外观。

（3）沥干　可采用改造的风干机进行风干，去除青麦仁、鲜玉米、青豆表面残留水，以保证速冻后表面无结冻，不影响外观和质量。

（4）预冷、速冻

1）目的　防止速冻前物料过热而影响速冻质量和速度；防止籽粒变色或重新污染微生物。

2）方法　青麦仁、鲜玉米、青豆经冷却风干后立即送入预冷库，对其进行预冷。冷冻机组应在原料进入预冷库前开启，一般情况下，预冷库温度设定为 0 ℃，预冷时间为 60 min，以使青麦仁内部温度降到 0 ℃ 为准。

3）速冻　经预冷后的青麦仁、鲜玉米、青豆迅速由预冷库送入速冻库，进行速冻处理，速冻库温度设定为 -30 ℃，果穗在速冻库内经过 30 min 速冻，使青麦仁、鲜玉米、青豆中心温度降到 -18 ℃。

（5）分装、真空包装　根据包装规格要求进行分装，并真空包装。

1）包装前的检验。外观检验：剔除破碎、机械碰伤、籽粒表皮开花、皱缩、变形的籽粒。

2）包装袋采用符合食品卫生要求的材料制成，按需要进行 400 g、500 g、800 g 或 1 000 g 包装，封口后注明生产日期、重量等，再将小袋装入包装箱入库冷冻储藏。

3）包装车间和操作人员均应符合食品生产卫生要求。

第三节　青麦仁预制菜肴的制作工艺

预制菜肴产品是指应用现代科学技术和先进设备，以定量化、标准化、机械化、自动化加工代替传统手工制作方式加工生产的食品。近年来，随着人们生活水平的提高和生活节奏的加快，城乡居民的消费结构和方式发生了巨大的变化，方便、快捷、营养、安全的预制菜肴产品已成为城乡居民现代生活中不可缺少的组成部分。预制菜肴产品可以作为家庭代用餐或提供给企事业单位及旅游流动人群消费的主餐食品，已成为我国城乡居民食物消费的重要形式之一。

一、主要原料

鲜食青麦仁、蔗糖、食盐、酱油、色拉油、淀粉、黄原胶、单硬脂酸甘油酯。

二、配方和工艺

1.原料包制作流程

青麦仁→解冻→熟制→炒制→分装→真空包装→蒸汽杀菌→原料包

2.酱包制作流程

调味配料→搅拌→煮沸(105~110 ℃)→过胶体磨→热灌装→蒸汽灭菌→酱包

三、质量标准

1.感官质量要求

原料包品质评分标准和酱包感官评分标准如表5-12和表5-13所示。

表5-12　原料包品质评分标准

指标		评分标准	得分	权重
感官品质	色泽	颜色鲜绿	8~10分	0.4
		颜色偏黄	5~7分	
		颜色枯黄	0~4分	
	气味	青麦仁特有的香味	8~10分	
		青麦仁香气较淡	5~7分	
		无青麦仁香气	0~4分	
	滋味	咀嚼性好	8~10分	
		咀嚼性较好	5~7分	
		口感差,咀嚼性差	0~4分	
	组织状态	籽粒饱满	8~10分	
		籽粒较饱满	5~7分	
		籽粒不饱满	0~4分	
叶绿素含量		1.01~1.50 mg/L	8~10分	0.3
		0.60~1.00 mg/L	5~7分	
		0~0.59 mg/L	0~4分	
质构指标	硬度	20~25 N	20~25分	0.3
		26~35 N	10~19分	
		36~50 N	0~6分	
	胶黏性	20~25 N	10~15分	
		10~19 N	5~9分	
		0~9 N	0~4分	
	咀嚼性	15~20 N	8~10分	
		9~14 N	5~7分	
		0~8 N	0~4分	

表 5-13　酱包感官评分标准

指标	评分标准	得分
色泽 (25分)	酱红色,色泽均匀	20~25 分
	颜色偏深或偏浅	10~19 分
	色泽较暗	0~9 分
气味 (25分)	酱香浓郁,香气适中	20~25 分
	酱香较浓郁,香气协调度一般	10~19 分
	酱香不明显,香气不协调	0~9 分
滋味 (25分)	口感协调适中	20~25 分
	口感一般协调	10~19 分
	口感不协调	0~9 分
组织状态 (25分)	酱体无分层	20~25 分
	酱体较均匀,少量浮油	10~19 分
	酱体明显分层	0~9 分

2.理化指标及卫生指标

原料包理化指标及卫生指标要求参照 GB 2714—2015,酱包理化指标及卫生指标要求参照《方便食品调味料包》(Q/KSF 0002S—2019)。

四、生产加工过程的技术要求

(1)原料包　将速冻青麦仁用小水流冲洗解冻,沥水后在 95 ℃沸水中熟制 2 min,待青麦仁煮熟后沥出,在炒锅内放入少许食用油,于 165 ℃炒制 2 min,趁热分装,真空包装,于 120 ℃条件下杀菌 15 min。

(2)酱包　操作流程:将各种配料按照配比称重后搅拌混匀,放入沸水浴中煮沸 2 min,用胶体磨进行粉碎乳化,趁热灌装,于 120 ℃条件下杀菌 15 min。

五、青麦仁预制菜肴的制作工艺分析

对青麦仁预制菜肴的调味酱包进行优化,并对青麦仁预制菜肴原料包的加工工艺进行研究,考察了熟制和炒制对青麦仁感官品质的影响,以期为进一步开发青麦仁预制菜肴产品提供数据支撑。

1.实验方法

(1)酱包配方的优化　采用正交试验法对蔗糖、食盐、酱油、色拉油、淀粉、黄原胶、单硬脂酸甘油酯等 7 种调味材料进行优化,采用 $L_8(2^7)$ 正交优化表进行试验,以感官评分为指标,采用极差分析,确定最优调味酱包配方。试验因素和水平见表 5-14。

表5-14　酱包正交因素水平表

水平	因素						
	A 蔗糖/g	B 食盐/g	C 酱油/g	D 色拉油/g	E 淀粉/g	F 黄原胶/g	G 单硬脂酸甘油酯/g
1	7	1.5	10	15	1	0.05	0.12
2	14	3.0	15	20	2	0.12	0.24

（2）原料包熟制工艺的研究　以100 g青麦仁为基准，分别考察熟制时间（1.0、2.0、3.0、3.5、4.0、4.5 min）及熟制温度（75、80、85、90、95、100 ℃）对青麦仁感官品质的影响。

（3）原料包炒制工艺的研究　以100 g青麦仁为基准，分别考察炒制温度（150、160、165、175、200 ℃）、炒制油量（2、4、6、8、11 g）以及炒制时间（0.5、1.0、2.0、3、5、8 min）对青麦仁感官品质的影响。

（4）储藏期间青麦仁预制菜肴菌落总数的变化　在冷藏（4 ℃）条件下，考察不同储藏期（0、5、10、15、20、25、30 d）酱包和原料包的菌落总数。

（5）感官品质评价　选择10名经验型评价人员组成评价小组，分别对酱包和原料包进行感官评价，酱包和原料包的感官评价标准见表5-12和表5-13。由于原料包考察的指标较多，且每项指标对原料包感官的影响程度不同，它们之间的关系是不完全平权的，因此需要考虑它们的权重。本文采用变异系数法确定上述各指标的权重系数，将数据标准化处理后，采用加权平均法确定青麦仁预制菜肴原料包的综合评分。

（6）测定指标与方法　菌落总数参照《食品安全国家标准　食品微生物学检验　总则》（GB 4789.1—2016）采用平板计数法测定。青麦仁叶绿素含量参照《油菜籽叶绿素含量测定　分光光度计法》（GB/T 22182—2008）中的方法测定。

（7）青麦仁质构指标　将5 g青麦仁置于质构仪托盘上，测定其硬度、弹性、黏聚性、咀嚼性和恢复性等5个指标。测试参数：直径50 mm的圆底P50探头，下压样品速度60.0 mm/min，探头离开样品回到测定前位置的速度20.0 mm/min，下压程度30%，预载应力2 N，两次咬合中间停顿时间1 s。

2.结果与分析

（1）调味酱包配方优化　表5-15是酱包配料正交优化结果。由表中R值可知，影响酱包感官品质的因素大小顺序为E>B>F>A>D>C>G，即淀粉添加量对产品影响最显著，其次是食盐，再次是黄原胶、蔗糖、色拉油、酱油，单硬脂酸甘油酯添加量对酱包品质的影响最小。最优水平组合为$A_2B_1C_1D_1E_1F_1G_2$，即调料酱包中蔗糖添加量为14 g，食盐添加量为1.5 g，酱油添加量为10 g，色拉油添加量为15 g，淀粉添加量为1 g，黄原胶添加量为0.05 g，单硬脂酸甘油酯添加量为0.24 g，此时酱包品质最好。

表 5-15　酱包正交优化结果

序号	因素							得分
	A	B	C	D	E	F	G	
1	1	1	1	1	1	1	1	95 分
2	1	1	1	2	2	2	2	70 分
3	1	2	2	1	1	2	2	79 分
4	1	2	2	2	2	1	1	65 分
5	2	1	2	1	2	1	2	87 分
6	2	1	2	2	1	2	1	83 分
7	2	2	1	1	2	2	1	72 分
8	2	2	1	2	1	1	2	80 分
K_1	309	332	317	333	337	327	315	
K_2	322	296	314	298	294	304	316	
k_1	76.5	83.0	79.3	83.25	84.25	81.75	78.75	
k_2	80.5	74.0	78.5	74.50	73.50	76.00	79.00	
R	4.0	9.0	0.8	1.93	10.75	5.25	0.25	
较优水平	2	1	1	1	1	1	2	

（2）青麦仁原料包的加工工艺

1）熟制时间对原料包感官品质的影响　由图 5-10 可知,青麦仁原料包的感官品质随熟制时间的延长而下降。因为随熟制时间增加,青麦仁表皮的细胞膜解体或通透性增加使叶绿素流出,导致青麦仁的叶绿素含量降低,色泽变黄。熟制时间的延长对青麦仁的组织状态和质构影响也很大,因为时间过长青麦仁表面会出现褶皱,硬度增加,咀嚼性变差,从而影响感官品质。由图 5-10 可知,2 min 为最佳熟制时间。

2）熟制温度对原料包感官品质的影响　由图 5-11 可知,青麦仁原料包的感官品质随熟制温度的增加而上升。随着熟制温度的增加,青麦仁的气味和滋味得到提升,咀嚼性和胶黏性值也增加。然而,温度的升高会使青麦仁中的叶绿素出现稍微下降的趋势,硬度也会增加,但青麦仁的总体感官评分仍然是上升趋势。由图 5-11 可知,95 ℃ 为最佳熟制温度。

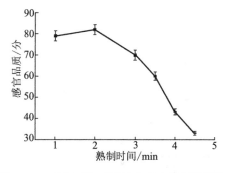

图 5-10　熟制时间对原料包感官品质的影响

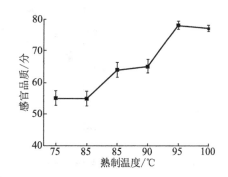

图 5-11　熟制温度对原料包感官品质的影响

3)炒制温度对原料包感官品质的影响 由图5-12可知,青麦仁原料包的感官品质随炒制温度的增高呈下降趋势。随着炒制温度的升高,青麦仁中的水分会迅速蒸发,并且温度越高水分损失越快,叶绿素的含量也会随温度的升高而下降。此外,炒制温度不同,青麦仁的质构品质变化较大。随炒制温度的增加,青麦仁的硬度呈下降趋势,胶黏性和咀嚼性先上升后下降。炒制温度越高,组织越紧密,青麦仁适口性越低。由图5-12可知,炒制温度为165 ℃时,青麦仁原料包的感官品质最好。

4)炒制油量对原料包感官品质的影响 由图5-13可知,青麦仁原料包的感官品质随炒制油量的增加呈下降趋势。炒制油量的增加会使青麦仁的水分和叶绿素损失增大,从而影响感官评分。炒制油量对青麦仁的质构品质的影响较大,随炒制油量的增加,青麦仁的硬度呈上升趋势,咀嚼性呈先上升后下降的趋势。由图5-13可知,炒制油量为4%时青麦仁的感官品质最佳。

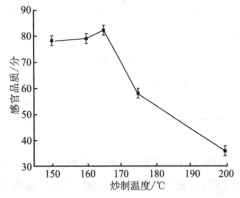 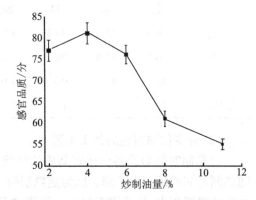

图5-12 炒制温度对原料包感官品质的影响　　　图5-13 炒制油量对原料包感官品质的影响

5)炒制时间对原料包感官品质的影响 由图5-14可知,青麦仁原料包的感官品质随炒制时间的延长呈先上升后下降的趋势。在炒制过程中,炒制时间越长,水分蒸发越多,叶绿素损失也越大,故感官评分下降。炒制时间不同,青麦仁的质构品质变化较大,随炒制时间的增加,青麦仁的硬度、胶黏性和咀嚼性呈先上升后下降的趋势,炒制时间越长,青麦仁的组织结构越紧密,口感就越差。由图5-14可知,炒制时间为2 min时青麦仁的感官品质最佳。

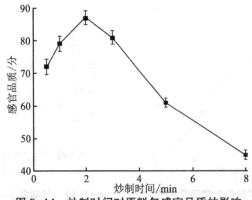

图5-14 炒制时间对原料包感官品质的影响

(3)储藏期间青麦仁预制菜肴菌落总数的变化

1)不同储藏期的酱包菌落总数　由图5-15可知,随着储藏时间的延长酱包菌落总数持续增加,但灭菌后的菌落总数要明显低于未灭菌酱包中的菌落总数。未灭菌的酱包在储藏第30天时,菌落总数为2.7 lgCFU/g,而经过灭菌后的酱包在储藏15天时仍未检测到微生物,在储藏30天时菌落总数为1.9 lgCFU/g。

2)不同储藏期的原料包菌落总数　由图5-16可知,随着储藏时间的延长青麦仁中的菌落总数逐渐增加,并且灭菌后的菌落总数要明显低于未灭菌原料中的菌落总数。未经灭菌的原料包的初始菌落总数为2.0 lgCFU/g,在储藏第30天时,菌落总数达到7.0 lgCFU/g,而经过灭菌后的原料包的初始菌落总数并未检出,在储藏15天时检测到菌落总数为2.1 lgCFU/g,在储藏30天时菌落总数为3.0 lgCFU/g,低于速冻食品标准规定的最大限量$1.0×10^5$ CFU/g。

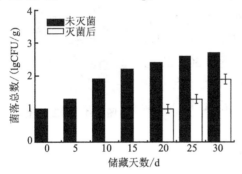
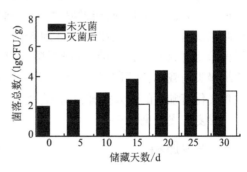

图5-15　储藏时间对酱包菌落总数的影响　　图5-16　储藏时间对原料包菌落总数的影响

3.结论

本实验以青麦仁为主要原料,研究了青麦仁预制菜肴的加工工艺及其配方。酱包的最佳配方为:以400 g青麦仁为基准,酱包的最佳配方为蔗糖添加量为14 g,食盐添加量为1.5 g,酱油添加量为10 g,色拉油添加量为15 g,淀粉添加量为1 g,黄原胶添加量为0.05 g,单硬脂酸甘油酯添加量为0.24 g。经单因素试验,原料包最佳工艺为:熟制时间2 min,熟制温度95 ℃,炒制时间2 min,炒制油量4%,炒制温度165 ℃;对原料包和酱包进行储藏试验,发现经过灭菌后的原料包和酱包在储藏30天时的菌落总数分别为3.0 lgCFU/g 和1.9 lgCFU/g,符合食品标准规定。

第六章　青麦仁蒸煮类主食制品的制作工艺

第一节　青麦仁馒头的制作工艺

我国是面制主食的生产和消费大国,资料统计我国每年小麦产量为 0.9 亿~1.1 亿吨,居世界第一位,每年馒头、面条等传统面制主食消耗占小麦面粉总产量的 65%。其中馒头更是我国居民深受喜欢的主食品种,占据面粉消费总量的 30% 以上。以传统馒头为载体,利用青麦仁提升馒头的营养性是在传承我国饮食文化基础上的重大突破,也是青麦仁产品主食化的重要一环。青麦仁馒头见图 6-1。

图 6-1　青麦仁馒头

一、主要原料

(1)小麦粉　制作馒头的主要原料是小麦粉,选粉是制作好馒头的一个关键。一般选用面粉筋力适中或稍强的馒头专用粉,《馒头用小麦粉》(LS/T 3204)具体见表 6-1。

表 6-1　馒头专用粉质量标准

项目		精制级	普通级
水分/%	≤	\multicolumn{2}{c}{14.0}	
灰分(以干基计)/%	≤	0.55	0.70
粗细度		全部通过 CB 36 号筛	
湿面筋/%		25.0~30.0	
粉质曲线稳定时间/min	≥	3.0	
降落数值/s	≥	250	
含砂量/%	≤	0.02	
磁性金属物/(g/kg)	≤	0.003	
气味		无异味	

(2)酵母　选用干酵母或者鲜酵母,实验表明用鲜酵母发酵的产品风味较好,无酵母臭味,干酵母发酵的产品酵母味略重。可用 30~40 ℃ 的温水搅拌,直接将酵母添加到水中,注意水温超过 50 ℃ 以上时,不能将酵母放入水中,高温会将酵母杀死。

（3）青麦仁粉　水分含量控制在≤13.5%。

二、配方和工艺

面粉+青麦粉+1%~2%酵母融入水中→和面→成型→醒发→蒸制→冷却成品

操作要点如下：

（1）和面　称取100%面粉，添加一定比例10%~20%的青麦粉替代相应比例的面粉，将适量酵母溶解到适量水中，酵母溶解后须在30 min内使用，倒入和面机，搅拌和面时间一般为10~15 min，面团达到光滑细腻，有延伸性。面团加水量要全面综合衡量，面团水分含量多时，利于酵母生长，面团也较易发酵，体积膨胀迅速，但面团过于松软，面筋网络松散，面团内的气体容易逸出，造成面团软塌。

（2）成型　馒头可以制作成圆形或者方型，手工制作或用馒头成型机制作，保证馒头生坯表面光滑，形状挺立。

（3）醒发　在温度为30~40 ℃、湿度为60%~85%的醒发箱中醒发60 min。

（4）蒸制　将醒发好的馒头面胚置于蒸锅上蒸制30 min，将青麦馒头室温冷却20 min。

三、质量标准

1.感官质量要求

青麦馒头感官评价标准见表6-2。

表6-2　青麦馒头感官评价标准

评价项目	分数	评价标准
表皮状态	10分	光滑8~10分，起斑扣1~2分，起泡扣1~2分，收缩扣2~4分
表皮色泽	10分	产品自然色8~10分，中等5~7分，发黄、发灰、发黑0~4分
表皮光泽	10分	光亮8~10分，光但亮度差5~7分，灰暗2~4分，更差0~2分
整体外观	15分	体积与挺立度都较好，整体饱满12~15分，体积、挺立度不协调，整体较扁或小8~11分，体积、挺立度差，整体小扁3~7分
内部组织	10分	气孔均匀、细腻8~10分，气孔均匀但粗大5~7分，气孔粗糙不均匀1~4分
气味	15分	麦香味突出12~15分，麦香味较小但无异味8~11分，无异味但也无麦香味4~7分，有异味0~3分
口感	15分	爽口、不粘牙、咬劲适中12~15分，爽口、不粘牙、咬劲偏硬或偏小8~11分，不粘牙、无咬劲5~7分，粘牙、粗糙0~4分
滋味	15分	入口香甜、无异味12~15分，入口香甜味小、无异味8~11分，入口无香甜味、无异味4~7分，入口有异味0~3分

2.理化指标

青麦仁馒头理化指标要求见表6-3(根据 GB/T 21118—2007《小麦粉馒头》)。

表6-3　青麦仁馒头理化指标

项目		指标
比容/(mL/g)	≥	1.7
水分/%	≤	45.0
pH 值		5.6~7.2

3.卫生指标

青麦仁馒头是主食食品,卫生指标非常重要,关乎食品安全,青麦仁馒头的卫生指标要求见表6-4。

表6-4　青麦仁馒头卫生指标

项目		指标	
		直接食用馒头	复热食用馒头
菌落总数/(个/g)	≤	2 000	50 000
大肠菌群/(个/100 g)	≤	30	30
霉菌计数/(个/g)	≤	200	200
致病菌(沙门菌、志贺菌、金黄色葡萄球菌等)		不得检出	
总砷(以 As 计)/(mg/kg)	≤	0.5	
铅(以 Pb 计)/(mg/kg)	≤	0.5	
锡(以 Sn 计)/(mg/kg)	≤	200	
亚硫酸盐(以 SO_2 计)/(mg/kg)	≤	30	
黄曲霉毒素 B_1/(μg/kg)	≤	5	
铝(以质量计)/(mg/kg)	≤	100	

上述指标中直接食用馒头、复热食用馒头在《小麦粉馒头》(GB/T 21118—2007)中并未列出,笔者参照其他类似标准,推荐出,以供参考。

四、生产加工过程的技术要求

1.原材料与主要设备

(1)原材料　小麦粉、青麦仁粉、水、酵母等。

(2)主要设备　和面机、成型机、蒸煮设备、冷冻库等。

2.青麦仁馒头加工工艺流程及操作规范

(1)工艺流程

原料→混合→和面→搅拌揉制→成型→醒发→汽蒸→冷却→包装→入库。

（2）操作要点

1）面团调制　面团调制又称为"和面""调粉""搅拌"等。将小麦粉、青麦仁粉、水、酵母等按比例混合均匀，用和面机进行和面。

2）面团揉制　和面后成型前，一般必须经过面团揉制工序，以保证馒头的组织结构和外观。手工成型时必须用揉压机或手工揉面。馒头机成型时，喂料斗内的螺旋挤压和搓辊的扭搓已较好地完成了面团揉制，故不需要另设揉面工序。

揉面能使面团中的气体排除，组织细密，从而使产品表面光滑、色泽洁白，还能够避免馒头表面产生气泡。揉面应达到面团表面光滑，内部细腻为止。

3）成型与整形　面团揉制完成后，为使馒头产品保持外观挺立饱满，避免在醒发和蒸制过程可能使馒头坯扁塌，要将切好的或搓好的馒头坯适当整形。圆馒头定量分割与搓团成型，方馒头搓条刀切成型。

4）馒头坯的醒发　醒发又称为最后发酵，是馒头生产必需的重要工序。醒发应掌握温度、湿度和时间：在较高的温度（30~40 ℃）醒发有利于快速发起，减少馒头坯变形。但温度不能超过45 ℃，以防酵母高温失活。湿度控制应掌握在坯表面柔软而不粘手为好。一般相对湿度60%~85%。醒发程度应根据产品的要求而定。

5）汽蒸　成型的馒头放入蒸锅内（每个离开适当距离，否则馒头膨胀后容易粘连在一起），当蒸锅上汽后大火蒸15~20 min，关火焖1~2 min即可。

6）冷却　蒸好的青麦仁馒头，冷却到常温时在进行包装或后续预冷速冻。

7）速冻　经预冷后的青麦仁馒头迅速由预冷库送入速冻库，进行速冻处理，速冻库温度设定为-30 ℃，果穗在速冻库内经过30 min速冻，使青麦仁中心温度降到-18 ℃。

8）包装　常温馒头一般采用符合食品卫生要求的材料制成，如聚丙烯袋等。按需要进行2个、4个、6个或8个包装，封口后注明生产日期、重量等，再将小袋装入包装箱。

3.注意事项

（1）视具体情况，加水量可增减。

（2）和面需按规定时间操作，保证面团搅拌到位。

第二节　青麦仁面条的制作工艺

国内馒头、面条等面制主食产品有近2 000亿元的市场潜力，其中面条占消费量的35%。面条是我国的传统食品，以其制作简单、食用方便可口而深受人们青睐，成为我国及亚洲其他一些国家和地区的主要食品之一。随着国内经济水平的逐步提高，面条作为日常主食消费品，其营养和安全逐步成为消费者关心的重要方面，产品的价值创新途径也就越来越多，价值的提升空间也就越来越大。以传统鲜湿面条为载体，利用青麦仁提升面条的营养性、增强传统鲜湿面条的风味是在传承我国饮食文化基础上的重大突破，也是青麦仁主食化过程中除馒头外的重要一环。青麦仁面条见图6-2。

图 6-2　青麦仁面条

一、主要原料

面粉、青麦仁粉、谷朊粉、食盐、水。

二、配方和工艺

青麦仁面条的配料见表 6-5。

表 6-5　青麦仁面条的配料

原料名称	原料份数
小麦粉	800
青麦仁粉	200
谷朊粉	5
食盐	0.5
水	38

鲜湿面条的制作：

(1)加水量　以和好后面团的最终含水量作为加水标准,面团的最终含水量为32%~35%,以面粉重量计加盐1%。

(2)称取与配置　称取青麦仁粉和小麦粉,食盐加入烧杯中,加入适量自来水溶解,使水温保持30 ℃左右。

(3)慢速搅拌　加入溶解好的食盐水开始计时。慢速(一档)搅拌 1 min,其中食盐水在 20 s 内加完,1 min 后停机,用刮板清理黏附在缸体和搅拌器上的面絮,再快速搅拌 2 min(六档),再慢速(一档)搅拌 2 min,总的和面时间为 5 min。

(4)第一次轧片　将轧面机辊间距调整为 3.5 mm,轧面机速度为 1.5 r/min,第一道轧片后,面片复合,调整轧面机速度为 2.5 r/min,压延方向仍和原来同向,再轧一边,然后将面片放入塑料袋中静置 30 min。

(5)第二次轧片　依次调整轧面机辊间距为 2.5 mm、1.8 mm、1.3 mm、1.1 mm;轧面机速度分别为 4.0 r/min、5.0 r/min、5.0 r/min、5.0 r/min,面片依次放入轧面机中,按照同一方向轧制。最后一道工序轧面机辊间距可适当调整,最终面片厚度控制在 1.40 mm±0.05 mm。

(6)切条 将制作好的面片切掉适当的长度用于生面片的表观评价,一部分切条用于鲜切面品尝评价。

三、质量标准

青麦仁面条的感官质量要求见表 6-6。

表 6-6 青麦仁面条的感官质量要求

项目	性状				
色泽	乳白色或乳黄色,亮(8~10分)	苍白、亮度一般(4~7分)	色泽发灰、发暗(1~3分)		
表观	光滑、规则(9~10分)	较光滑、规则(7~8分)	较粗糙(5~6分)	变形较小(3~4分)	变形严重、断条(1~2分)
硬度	硬度适中(17~20分)	较硬或较软(12~16分)	过硬或过软(1~12分)		
黏性	爽口不黏(17~20分)	稍黏(13~16分)	较黏(9~12分)	很黏(5~8分)	非常黏(1~4分)
弹性	弹性很好(17~20分)	弹性较好(13~16分)	弹性一般(9~12分)	弹性较差(5~8分)	没有弹性(1~4)
光滑性	非常光滑(9~10分)	光滑(7~8分)	较光滑(5~6分)	不光滑(3~4分)	糊嘴(1~2分)
食味	麦香浓郁(9~10分)	麦香味较浓(7~8分)	略有麦香味(5~6分)	基本无异味(3~4分)	霉味、异味(1~2分)

四、生产加工过程的技术要求

1. 一般要求

鲜湿面条的制作:

(1)加水量 以和好后面团的最终含水量作为加水标准,面团的最终含水量 32%~35%,以面粉重量计加盐 1%。

(2)称取与配置 称取青麦仁浆和小麦粉共 200 g±0.1 g,倒入和面钵中,慢速搅拌,使样品充分混合均匀。称量 2.0 g±0.01 g 食盐加入烧杯中,加入适量自来水溶解,使水温保持 30 ℃左右。

(3)慢速搅拌 加入溶解好的食盐水开始计时。慢速(一档)搅拌 1 min,其中食盐水在 20 s 内加完,1 min 后停机,用刮板清理黏附在缸体和搅拌器上的面絮,再快速搅拌 2 min(六档),再慢速(一档)搅拌 2 min,总的和面时间为 5 min。

(4)第一次轧片 将轧面机辊间距调整为 3.5 mm,轧面机速度为 1.5 r/min,第一道轧片后,面片复合,调整轧面机速度为 2.5 r/min,压延方向仍和原来同向,再轧一边,面片然后将面片放入塑料袋中静置 30 min。

(5)第二次轧片　依次调整轧面机辊间距为 2.5 mm、1.8 mm、1.3 mm、1.1 mm;轧面机速度分别为 4.0 r/min、5.0 r/min、5.0 r/min、5.0 r/min,依次放入轧面机中,按照同一方向轧制。最后一道工序轧面机辊间距可适当调整,最终面片厚度控制在 1.40 mm±0.05 mm。

(6)切条　将制作好的面片切掉适当的长度用于生面片的表观评价,一部分切条用于鲜切面品尝评价。

2.车间生产工艺

(1)准备原料

1)准确称取面粉、青麦仁粉、谷朊粉、食盐、水,将食盐溶于水中。

2)把青麦仁粉、谷朊粉混匀。

(2)和面操作　将面粉倒入面缸中,关闭料门,启动高速搅拌混粉 3 min,然后停机开盖,加入和面所需水,关闭料门,启动抽真空键,当真空度达 0.055 MPa 后,启动高速搅拌 5 min,然后转入低速搅拌 5 min;搅拌完成后,启动排空按钮,待缸体压力回复为 0 MPa 后,开盖缸体下转,将面絮倾倒在传送熟化带上。

(3)醒面　在熟化带上常温静置 15~20 min。

(4)复合压延　醒面结束,开启传送带,下料至面斗,打开复合压延辊,保障上下两个面片均匀完整,不拉扯,不堆积,复合压延成完整的面片。

(5)压延、切条　面带压延为 8 道(最前面两对辊子是第一道),在操作时注意各对辊子速度,防止面片出现拉扯;压片过程中撒的面扑为小麦淀粉;严禁使用面粉作为面扑,前后两个撒粉装置的调速档一般在 0.5~1.0。

面条切条前的最后一道辊控制面片的厚度是 1.5 mm,圆刀直径为 1.75 mm。

3.注意事项

(1)和面过程中要不断观察和面机上的真空度指示表,目前表的变动范围是 0.035~0.055 MPa。

(2)在往辊间送面带时,应将面带缓慢送入面辊中,小心压住手。

(3)撒粉装置速度要在生产过程中不断调整,要求粉扑能均匀覆盖面带;及时补充料斗中的粉扑。

(4)切条后,面条包装前,在传送带上时,把带有黑边的面条剔除。

(5)装好的面条室温放置,室温不超过 16 ℃。室温超过 17 ℃时面条需冷藏放置,放置温度 10~15 ℃。

五、青麦仁面条风味监测技术

风味物质是看不着摸不到,只能感觉到的一种物质,是食品重要的指标之一,这类物质一般成分多但是量甚微,大多都是芳香类物质,味感性能和分子结构有特异性的关系,加热可以改变,对热不稳定。我们在选购食品时,通常考虑色香味俱全,所以风味的研究不可缺少。青麦仁面条的研究满足了人们对营养、健康面条的要求,但是改变了面条原有的风味。研究青麦仁面条的风味对青麦仁面条的开发、改善及生产销售都极为重要,但是青麦仁鲜湿面条水分含量比较高,极易发生腐败变质,不利于保存,更有甚者会危害健康。我们通过对青麦仁面条菌落总数的确定,初步简单判定其保质期,为后续青麦仁面条的保质期研究提供参考。

1.实验方法

(1)面条的制作　首先准确称取小麦粉 85 g,青麦仁粉 15 g,水 38 g,盐 0.8 g,CMC 0.2 g,黄原胶 0.3 g,磷脂 0.4 g,将改良剂、食盐和水放入干净烧杯中置于磁力搅拌器上搅拌均匀,混合粉倒入搅拌机中,加入处理好的改良剂、食盐和水,搅拌 10 min,让混合粉形成松散的面絮,然后将面絮倒在不锈钢小盆中,将纱布沾湿,盖在盆口以避免水分挥发,计时熟化 30 min。然后用压面机制作面条,压好的面条用自封袋封好并覆盖湿纱布备用。

(2)面条风味测定方法　风味物质采用气质联用仪测定。

顶空固相微萃取:分别称取面粉、青麦仁粉样品 10 g,将称取的样品放入 25 mL 螺口样品瓶中,操作方法参照贾继伟方法,稍作改动。

气相色谱和质谱分析条件:气相色谱和质谱条件参照王武等人所用条件。

定性分析:通过仪器匹配分析软件进行分析,因为风味物质很多,仅检取 800 以上(最大值 1 000)的物质,计算相对百分含量。

2.结果与分析

(1)面粉、青麦仁粉挥发性成分的检测结果　面粉的总离子流色谱图如图 6-3 所示。

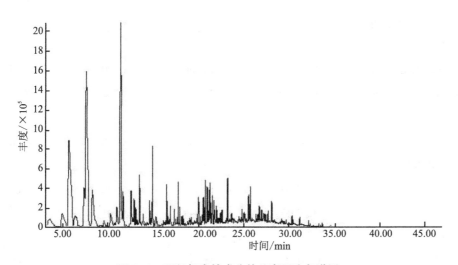

图 6-3　面粉挥发性成分的总离子流色谱图

根据总离子流色谱图,经 NIST08L 谱图库联机搜索,然后经过挑选所得的挥发性风味物质名称、化学式、保留时间、匹配度及相对含量如表 6-7 所示。

由表 6-7 可知,检测出面粉中有 21 种化合物,分为 5 类,依次为烃、醇、醛、酯、苯。其中包含有 9 种烃类但大多都不具有芳香性,相对含量比例也较大,占到了 30.81%;5 种醇类物质,也不具备芳香性,占到了 14.71%;只有 4 种醛类物质,正己醛等具有芳香性,占到了24.16%;1种含量甚微的酯类,只有0.08%;2种苯类,苯类作为芳香烃,可以使面粉具有较好香味,相对含量还比较高,占到了30.24%。

表6-7 面粉挥发性成分种类的统计结果

组分	化学式	保留时间/min	匹配度	相对含量/%
烃类				
2-亚烯丙基环丁烯	C_7H_8	4.993	928	2.87
2,6,6-三甲基双环[3.1.1]庚-2-烯	$C_{10}H_{16}$	9.643	936	0.66
3,5-二甲基-1-己烯	C_8H_{16}	10.781	875	0.33
2,2,4,4-四甲基辛烷	$C_{12}H_{26}$	12.592	942	2.73
甘葡环烃	$C_{10}H_8$	17.339	890	1.18
十二烷	$C_{12}H_{26}$	17.755	940	1.95
2,4,6-三甲基十四烷	$C_{17}H_{36}$	19.816	804	14.15
(正)十四(碳)烷	$C_{14}H_{30}$	23.207	911	2.16
十五烷	$C_{15}H_{32}$	25.714	887	4.79
醇类				
1-辛烯-3-醇	$C_8H_{16}O$	11.057	858	1.64
3,5-辛二烯-2-醇	$C_8H_{14}O$	12.931	918	3.00
3,4,4-三甲基色氨酸-1-戊烯-3-醇	$C_8H_{16}O$	14.623	808	1.18
2-乙基-2-丙基-1-己醇	$C_{11}H_{24}O$	16.166	805	0.96
2-异丙基-5-甲基-1-庚醇	$C_{11}H_{24}O$	20.981	823	7.93
醛类				
正己醛	$C_6H_{12}O$	5.756	904	16.42
顺式-2-庚烯醛	$C_7H_{12}O$	10.363	950	1.70
(E)-2-辛烯醛	$C_8H_{14}O$	13.515	822	2.64
壬醛	$C_9H_{18}O$	14.935	919	3.41
酯类				
邻苯二酸丁壬酯	$C_{21}H_{32}O_4$	34.531	903	0.08
苯类				
1,3-二甲基苯	C_8H_{10}	7.675	916	24.74
对二甲苯	C_8H_{10}	8.368	818	5.51

青麦仁粉的总离子流色谱图如图6-4所示。根据总离子流色谱图,经NIST08L谱图库联机搜索,然后经过挑选所得的挥发性风味物质名称、化学式、保留时间、匹配度及相

对含量如表6-8所示。

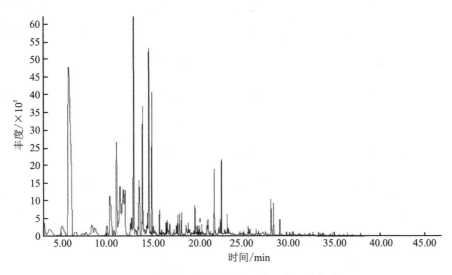

图6-4 青麦仁粉挥发性成分的总离子流色谱图

由表6-8可得,青麦仁粉中检测出22种风味物质,其中有3种烃类物质,不具备芳香性,占了5.59%;4种醇类物质,占了15.93%,其中所检出的雪松醇,有杉木的芳香,1-辛烯-3-醇有干草气味;9种醛类物质,比面粉所含的显著增加,其中的戊醛,一般作为香料食用,己醛及(Z)-2-庚烯醛有青草的气味,(E)-2-己烯醛有让人感到愉悦的绿叶的清香,醛类含量很高,占了57.49%;5种酮类物质,占了21.30%,其中香叶基丙酮,有清清淡淡的花香;1种其他类物质,含量很少,为0.07%。

表6-8 青麦仁粉挥发性成分种类的统计结果

组分	化学式	保留时间/min	匹配度	相对含量/%
烃类				
2-甲基-3-乙基-1,3-己二烯	C_9H_{16}	12.717	850	2.00
十二烷	$C_{12}H_{26}$	17.754	909	2.00
2,6,10-三甲基正十四烷	$C_{17}H_{36}$	32.305	850	1.19
醇类				
1-戊醇	$C_5H_{12}O$	5.054	911	2.72
1-辛烯-3-醇	$C_8H_{16}O$	11.086	908	6.76
4a-八氢萘基醇	$C_{10}H_{18}O$	19.647	812	3.78
雪松醇	$C_{15}H_{26}O$	28.281	924	2.67
醛类				
戊醛	$C_5H_{10}O$	3.688	919	1.65
己醛	$C_6H_{12}O$	5.823	890	34.08

续表 6-8

组分	化学式	保留时间/min	匹配度	相对含量/%
(E)-2-己烯醛	$C_6H_{10}O$	7.26	869	0.30
庚醛	$C_7H_{14}O$	8.689	861	1.72
(Z)-2-庚烯醛	$C_7H_{12}O$	10.367	967	4.74
壬醛	$C_9H_{18}O$	14.956	882	5.95
(Z)-2-壬醛	$C_9H_{16}O$	16.604	947	1.49
2,4-壬二烯醛	$C_9H_{14}O$	18.174	955	1.05
2-丁基-2-辛烯醛	$C_{12}H_{22}O$	22.578	926	6.51
酮类				
3-辛烯-2-酮	$C_8H_{14}O$	12.953	942	11.27
3,5-辛二烯-2-酮	$C_8H_{12}O$	13.932	916	6.49
1-(2,2-二甲基环戊基)-乙酮	$C_9H_{16}O$	15.781	815	1.19
香叶基丙酮	$C_{13}H_{22}O$	24.587	866	0.85
1-(2,6,6-三甲基-1-环己烯-1-基)-2-丁烯-1-酮	$C_{13}H_{20}O$	25.497	803	1.50
其他				
4-十八基吗啉	$C_{22}H_{45}NO$	35.998	822	0.07

由表 6-7 和表 6-8 对比可知,青麦仁粉中总风味物质比小麦粉中多,而且有很大差别,醛类及酮类物质的增加给青麦仁带来了较好的清香味,说明青麦仁与成熟小麦中风味物质存在显著差异,虽然本质上是一种物质,但可以当作不同物质去研究。

(2)生、熟面条挥发性成分的检测结果

1)生青麦仁面条挥发性成分检测结果 生青麦仁面条挥发性成分的总离子流色谱图如图 6-5 所示。生青麦仁面条挥发性成分的总离子流色谱图如图 6-5 所示,根据总离子流色谱图,经 NIST08L 谱图库联机搜索,然后经过挑选所得的挥发性风味物质名称、化学式、保留时间、匹配度及相对含量如表 6-9 所示。由表 6-9 可知,生青麦仁面条中检测到了 27 种物质,只有 2 种烃类物质,没有芳香性,占 14.36%;4 种醇类物质,占 17.34%,所包括的 1-辛烯-3-醇,具有干草香;12 种醛类物质,含量较青麦仁粉有所下降,占44.54%,其中既包括面粉中的芳香物质,也包括青麦仁粉中的芳香物质,还增添了(E)-2-辛烯醛、(Z)-2-壬烯醛、(E,E)-2,4-癸二烯醛等芳香物质;5 种酮类物质,占 13.84%,其中 4 种与青麦仁粉中一致,还新添加了 2-庚酮,2-庚酮是一种香料原料,气味清香;1 种酯类物质,占 1.19%;3 其他类物质,共占 8.74%。

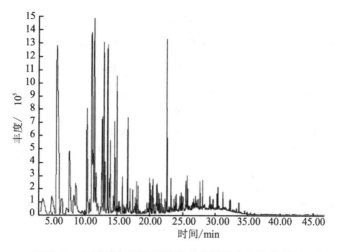

图 6-5　生青麦仁面条挥发性成分的总离子流色谱图

表 6-9　生青麦仁面条挥发性成分种类的统计结果

组分	化学式	保留时间/min	匹配度	相对含量/%
烃类				
1-壬烯	C_9H_{18}	10.785	832	0.61
2,6,10-三甲基十四烷	$C_{17}H_{36}$	30.449	872	13.75
醇类				
1-戊醇	$C_5H_{12}O$	5.03	910	2.39
1-己醇	$C_6H_{14}O$	7.696	896	4.51
1-辛烯-3-醇	$C_8H_{16}O$	11.079	904	9.61
1-壬醇	$C_9H_{20}O$	16.921	898	0.83
醛类				
己醛	$C_6H_{12}O$	5.788	895	17.62
(E)-2-己烯醛	$C_6H_{10}O$	7.264	864	0.70
庚醛	$C_7H_{14}O$	8.665	900	3.09
(Z)-2-庚烯醛	$C_7H_{12}O$	10.356	964	4.86
(E,E)-2,4-庚二烯醛	$C_7H_{10}O$	12.026	822	0.62
(E)-2-辛烯醛	$C_8H_{14}O$	13.522	866	4.12
壬醛	$C_9H_{18}O$	14.939	913	3.26
(Z)-2-壬烯醛	$C_9H_{16}O$	16.595	944	2.44
(E,E)-2,4-癸二烯醛	$C_9H_{14}O$	18.175	926	0.71
2,4-十二碳二烯醛	$C_{12}H_{20}O$	20.432	888	0.98

续表 6-9

组分	化学式	保留时间/min	匹配度	相对含量/%
(E,E)-2,4-癸二烯醛	$C_{10}H_{16}O$	21.054	872	1.55
2-丁基-2-辛烯醛	$C_{12}H_{22}O$	22.585	928	4.59
酮类				
2-庚酮	$C_7H_{14}O$	8.365	802	1.37
3-辛烯-2-酮	$C_8H_{14}O$	12.939	934	5.46
3,5-辛二烯-2-酮	$C_8H_{12}O$	13.912	856	5.46
1-(2,2-二甲基环戊基)-乙酮	$C_9H_{16}O$	15.779	817	0.62
香叶基丙酮	$C_{13}H_{22}O$	24.589	876	0.93
酯类				
邻苯二甲酸异丁基十八醇酯	$C_{30}H_{50}O_4$	33.272	880	1.19
其他				
2-戊烷呋喃	$C_9H_{14}O$	11.468	890	7.01
1-亚甲基-1-氢茚	$C_{10}H_8$	17.344	941	0.62
十八烷基磺酰氯	$C_{18}H_{37}ClO_2S$	17.755	819	1.11

2)熟青麦仁面条挥发性成分检测结果 熟青麦仁面条挥发性成分的总离子流色谱图如图 6-6 所示。

根据总离子流色谱图,经 NIST08L 谱图库联机搜索,然后经过挑选所得的挥发性风味物质名称、化学式、保留时间、匹配度及相对含量如表 6-10 所示。由表 6-10 可知,说明加热可以改变面条的风味,加入青麦仁,面条风味物质增加,具体表现为醛类、酮类、酯类芳香物质增多。熟青麦仁面条中检测到 28 种风味物质,1 种烃类物质,占 2.80%;5 种醇类物质,占 14.66%,在生青麦仁面条基础上,增加了可用作香料的 1-辛醇;12 种醛类物质,含量较高,达到 50.65%,在生面条基础上增加了 2-十一烯醛,带来醛香和清香;3 种酮类物质,占 2.13%,5 种酯类物质,占 1.77%,其中甲酸庚酯具有尧尾香、果香、梅香;其他类物质 2 种,含量还很高,占 27.98%。

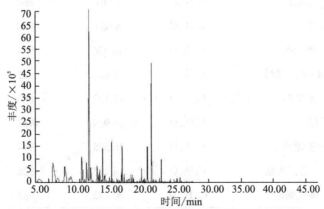

图 6-6 熟青麦仁面条挥发性成分的总离子流色谱图

表 6-10　熟青麦仁面条挥发性成分种类的统计结果

组分	化学式	保留时间/min	匹配度	相对含量/%
烃类				
1-硝基己烷	$C_6H_{13}NO_2$	13.106	902	2.80
醇类				
1-己醇	$C_6H_{14}O$	7.671	861	6.77
1-辛烯-3-醇	$C_8H_{16}O$	11.067	915	4.69
1-辛醇	$C_8H_{18}O$	13.882	836	1.76
(2Z)-3-戊烷基-2,4-戊二烯-1-醇	$C_{10}H_{18}O$	16.229	809	0.26
1-壬醇	$C_9H_{20}O$	16.925	924	1.18
醛类				
己醛	$C_6H_{12}O$	5.753	866	10.59
庚醛	$C_7H_{14}O$	8.643	879	2.40
2-庚烯醛	$C_7H_{12}O$	10.341	962	5.93
(E)-2-辛烯醛	$C_8H_{14}O$	13.516	869	4.21
壬醛	$C_9H_{18}O$	14.938	917	3.64
(Z)-2-壬烯醛	$C_9H_{16}O$	16.595	951	3.70
2,4-壬二烯醛	$C_9H_{14}O$	18.177	954	1.81
(E)-2-癸烯醛	$C_{10}H_{18}O$	19.524	969	1.17
2,4-癸二烯醛	$C_{10}H_{16}O$	20.424	935	4.09
(E)-2,4-癸二烯醛	$C_{10}H_{16}O$	21.059	929	10.65
2-十一烯醛	$C_{11}H_{20}O$	22.293	879	0.39
2-丁基-2-辛烯醛	$C_{12}H_{22}O$	22.583	937	2.07
酮类				
3-壬烯-2-酮	$C_9H_{16}O$	15.998	899	0.31
香叶基丙酮	$C_{13}H_{20}O$	24.024	919	1.40
(E)-6,10-二甲基-5,9-十一双烯-2-酮	$C_{13}H_{22}O$	24.591	902	0.42
酯类				
甲酸庚酯	$C_8H_{16}O_2$	10.775	867	0.75
甲氧基乙酸-2-十四烷酯	$C_{17}H_{34}O_3$	28.09	805	0.49
甲氧基乙酸-3-十三烷酯	$C_{16}H_{32}O_3$	29.194	813	0.26
邻苯二甲酸异丁基-2-戊酯	$C_{17}H_{24}O_4$	33.275	913	0.22
邻苯二甲酸丁壬酯	$C_{21}H_{32}O_4$	34.532	907	0.05

续表 6-10

组分	化学式	保留时间/min	匹配度	相对含量/%
其他				
3-乙基苯酚	$C_8H_{10}O$	9.214	839	0.51
2-戊烷呋喃	$C_9H_{14}O$	11.465	955	27.47

3.结论

青麦仁粉与面粉相比较,除了营养成分上的区别外,风味物质上也有很大不同,具体表现为风味物质增大,烃类物质减少。添加青麦仁后,面条的风味物质中增加了雪松醇、1-辛烯-3-醇、戊醛、己醛及(Z)-2-庚烯醛、(E)-2-己烯醛、(E)-2-辛烯醛、(Z)-2-壬烯醛、(E,E)-2,4-癸二烯醛、香叶基丙酮、2-庚酮等多种芳香物质,还有环酮的焦糖香味,赋予面条较好的风味。

第三节　青麦仁粽子的制作工艺

粽子又称"角黍""筒粽",是我国历史上文化积淀深厚的传统食品。近年来,粽子行业发展迅速,市场需求大幅增加,各种品种的粽子层出不穷,主要有甜味粽子和咸味粽子,咸味粽子选择以猪肉、火腿、蛋黄等做馅,甜味粽子选择以蜜饯、豆沙、水果等做馅。但粽子主要原料是糯米,含较多支链淀粉,缺乏纤维质,黏度高,不易消化。因此,加强粽子的营养化配方,使粽子更加营养、健康,受到粽子企业和消费者的热切关注。

本节介绍了青麦仁粽子(见图6-7)的加工工艺,在选材上,考虑到糯米是制作粽子的主要原料,对粽体黏度有重要影响,选择糯米为主要原料之一,同时,选用了青麦仁为主要原料,它含有丰富的蛋白质、叶绿素、膳食纤维和 α-淀粉酶、β-淀粉酶两种淀粉酶,长期食用具有帮助人体消化、降低血糖的功能,与糯米搭配制作粽子,既保留了粽子的软糯香甜,又使粽子更富有营养价值和保健价值。青麦仁粽子加工工艺的研究对丰富粽子种类,指引粽子产品开发方向具有重要的现实意义。

图6-7　青麦仁粽子

一、主要原料

糯米、青麦仁、红枣、红豆等。

二、配方和工艺

$$\left.\begin{array}{l}泡米、洗米\rightarrow配料\\馅料(蜜枣、鲜肉)\end{array}\right\}\rightarrow包制\rightarrow蒸制\rightarrow清洗\rightarrow速冻\rightarrow包装\rightarrow入库$$

三、质量标准

青麦仁粽子感官评价见表6-11。

表6-11　青麦仁粽子感官评价

感官指标	描述	评分
色泽	青麦仁呈绿色,糯米淡绿色,有光泽度	15~20分
	青麦仁呈淡绿色,糯米有少量杂色,有光泽度	9~14分
	青麦仁呈黄色,糯米有较多杂色,无光泽度	0~8分
香气	具有粽叶、青麦仁、糯米特有香气	15~20分
	粽叶、青麦仁、糯米香气较淡	9~14分
	无粽叶、青麦仁、糯米香气	0~8分
组织状态	粽体无漏角,青麦仁、糯米结合完好,组织紧密	21~30分
	粽体有一定的漏角,青麦仁、糯米结合较好,组织较紧密	11~20分
	粽体漏角严重,组织松散	0~10分
口感	青麦仁、糯米软硬适中,糯而不烂,咸甜适中,蜜饯软硬适中,有嚼劲	21~30分

四、生产加工过程的技术要求

青麦仁粽子工艺包括粽叶的清洗、糯米的加工、拌馅工艺、制馅工艺、成型工艺、蒸煮工艺、冷却工艺、速冻工艺等。

（1）粽叶的清洗　选用无虫蛀、无霉变的粽叶。剪去叶柄、叶尖,松开捆扎绳,下锅蒸煮。将蒸煮好的粽叶放到粽叶清洗机传送带上冲洗干净,在传送带上注意检出虫蛀、霉变、严重损伤的粽叶。

（2）糯米加工工艺　用洗米机将糯米洗干净。将洗干净的糯米浸泡约40 min,使糯米能捏碎为止。

（3）拌馅工艺

1）青麦仁蜜枣粽　红小豆在开水中预煮20~30 min至半熟,捞出备用;青麦仁用清水淘洗干净,去除麦皮、瘪粒等杂质后备用。将泡好的糯米取定量放入锅中,加入定量的糖、速冻玉米粒、红小豆,青麦仁加入专用搅拌锅搅拌1 min,搅拌均匀后备用(注:不可搅拌时间过长,否则易造成碎米过多,影响品质,拌匀即可)。

2）青麦仁肉粽　青麦仁用清水淘洗干净,去除麦皮、瘪粒等杂质后备用;猪油融化后备用。将一定量准备好的白糯米放入专用搅拌锅中,依次定量加入青麦仁、酱油、猪油、小料等,搅拌1 min,搅拌均匀后备用(注:不可搅拌时间过长,否则易造成碎米过多,影响品质,拌匀即可)。

(4)制馅工艺

1)蜜枣粽子 把蜜枣去尽包装,浸泡在清水中 1 h±20 min,把蜜枣泡软、清洗、去核,然后放入切片机里切成枣片,约 2 g/片。

2)鲜肉粽子 将检验合格的冷冻瘦肉经解冻后切成 2~2.5 g 的颗粒,后用定量的白酒、料酒、酱油和匀腌制 12 h 后备用(当天的馅当天用完)。

(5)成型工艺 将粽叶折成倒圆锥状,加放 1/3 的糯米,加馅 6~7 g,加入剩余的糯米;包制成型的每只粽子质量为 41~43 g(含粽叶)。用棉线将粽子缠绕结实,系紧防脱线。

(6)蒸煮工艺 把包制好的粽子,整齐地放入周转盘中,然后每筐放 16~17 盘,每锅放 16 筐。放入蒸煮锅中,温度、压力逐渐升高,当温度稳定在 118~120 ℃,压力稳定在 0.12 MPa±0.01 MPa后,加热 60 min 左右。

(7)冷却工艺 粽子蒸煮好后,把压力降到 0.02~0.04 MPa 后,排水,水排完后打开泄气阀门冲入冷水,打开蒸煮锅,捞出粽子。把粽子倒入备用的筐中清洗。清洗后的粽子装入备用的塑料筐中摆放整齐,自然冷却。挑拣脱线、烂角等不合格粽子。

(8)速冻工艺 将冷却到常温的粽子放到温度为−38 ℃ 以下的隧道速冻 40 min,使冻过的热中心温度达到−18 ℃。

(9)包装 将包装材料放入密闭的容器中臭氧消毒 30 min,将速冻好经检验合格的粽子装入消过毒的包装袋中,包装封口要严密,无漏气现象。内包装后经过金属探测机,检出金属探测报警产品中的异物。包装袋外面要加盖生产日期。每箱放 20 袋,每袋重量范围为 508~525 g 且每袋保证 10 个粽子。包装箱封口要平整,包装箱两端的胶带长度为约 5 cm,半小时内及时入冷冻储存库。

(10)冷链运输 青麦仁粽子的运输必须使用冷藏车,并设置实施温控检测、风道预留等。

第四节　青麦仁水饺的制作工艺

本节介绍了一种青麦仁馅水饺(见图 6-8)的制作方法,使水饺不仅在口感上筋道爽口,同时又含有青麦仁特有的醇香和清香;丰富了水饺的种类,改善了人们的膳食,使水饺营养更丰富、全面,为人们的健康饮食提供了新的思路。

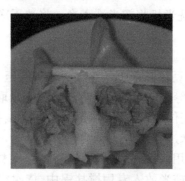

图 6-8　青麦仁水饺

一、主要原料

青麦仁、肉、蔬菜、盐及其他调味料。

二、配方和工艺

青麦仁→清洗→煮制→浸泡→沥干 ⎫
肉类→绞肉→加调料→充分搅拌 ⎬ 混合搅拌→馅料 ⎫
面粉→加水搅拌→醒发→压延→切割制皮 ⎭ 　　　　　　　⎬ 包制成型→速冻

三、质量标准

1.感官质量要求

青麦仁水饺感官评定标准见表6-12。

表6-12 青麦仁水饺感官评定标准

评价指标	评分标准	评分
颜色	有良好的青麦色,肉色正常	14~20分
	青麦仁颜色黄绿,肉色正常	8~13分
	青麦仁不明显,馅料整体发白	0~7分
滋气味	肉香、青麦香味明显,鲜香诱人	14~20分
	麦香味较淡,肉香怡人	8~13分
	麦香味不明显,肉香怡人	0~7分
组织结构	青麦仁与其他馅料很好地结合,不松散	14~20分
	青麦仁与其他馅料略有分离,黏合不好	8~13分
	馅料松散,无层次感	0~7分
适口性	入口细腻、爽口,鲜嫩多汁	14~20分
	入口较软,有黏滑感,汁少	8~13分
	入口粗糙,无汁液	0~7分
口感	青麦仁咀嚼均匀、软而筋道,不粘牙	14~20分
	青麦仁韧性大、略硬,不易咀嚼	8~13分
	青麦仁不筋道,口感不好	0~7分

2.理化指标和卫生指标

青麦仁水饺理化指标和卫生指标要求符合《速冻饺子》(GB/T 23786—2009)。

四、生产加工过程的技术要求

1.原辅料选择及处理

选择新鲜的蔬菜,挑去虫叶、烂叶、黄叶,用流动清水洗净,同时筛去砂石等杂物,切成3~5 mm的小段。蔬菜含水量高,需要脱除部分水分,以使饺子口感结实。切成段之后用离心机脱水,直到用手挤压只有少许汁液流出为最好。

原料肉必须是经过兽医卫生检验合格的新鲜肉或冷鲜肉,原料肉在清洗前必须剔骨去皮,修净淋巴结及严重充血、瘀血处,剔除色泽气味不正常部分,对肥膘还应修净毛根等。将修好的瘦肉肥膘用流动水洗净沥水,绞成颗粒状备用。

2. 制馅

将准备好的肉馅和各种辅料混合搅拌均匀,然后往肉馅里加少许水,继续搅,搅至肉馅有弹性,再加水,再搅。如此大概三四次,肉馅既黏稠又有弹性就好了。记住要分次加水,每次都要少。

3. 和面制皮

搅拌是制作面皮的主要工序。在搅拌面粉时要添加少量的食盐,食盐添加量一般为面粉量的1%,添加时把食盐先溶解于水中。水的添加量通常为面粉量的38%~40%。在搅拌过程中,水分2~3次添加,搅拌时间与搅拌机转速有关,一般搅拌时间为10 min左右。

4. 包馅成型

采用纯手工制作工艺,可配合用模子。每个水饺重18~20 g,一般来讲,水饺皮重小于55%,馅重大于45%的形状较饱满,大小、厚薄较适中。水饺在包制时要求严密,形状整齐,不得有露馅、缺角、瘪肚、烂头、变形、带褶皱、带花边饺子、饺子两端大小不一等异常现象。在成型包制过程中,要尽可能减少附着在饺皮上的干面粉,使速冻水饺成品色泽和外观清爽、光泽美观。

5. 速冻

采用鼓风冻结或接触式冻结。将水饺放入速冻隧道,快速冻结,在短时间(通常为30 min内)迅速通过最大冰晶生成带(0~4 ℃),水饺在速冻间中心温度达-18 ℃即速冻好。

6. 装袋、称重、包装

速冻水饺冻结好即可装袋。在装袋时要剔除烂头、破损、裂口的饺子以及连接在一起的两连饺、三连饺、多连饺等,还应剔除异型、落地、已解冻及受污染的饺子。不得装入面团、面块和多量的面粉。严禁包装未速冻良好的饺子。要求计量准确,严禁净含量低于国家计量标准和法规要求,在工作中要经常校正计量器具。称好后即可排气封口包装,包装袋要求封口严实、牢固、平整、美观,生产日期、保质期打印要准确、明晰。装箱动作要轻,打包要整齐,胶带要封严粘牢,内容物要与外包装箱标志、品名、生产日期、数量等相符。包装完毕要及时送入低温库。

7. 低温冷藏

包装好的成品水饺必须在-18 ℃的低温库中冷藏,库温必须稳定,波动不超过±1 ℃。

第五节　青麦仁八宝粥的制作工艺

按照我国的传统,每年的腊月初八,很多地方都有吃"腊八粥"的习惯。"八宝粥"的原意是指用八种不同的原料熬制成粥。目前,许多"八宝粥"的用料已经超出八种。"八宝粥"一般以粳米、糯米或黑糯米为主料,再添加辅料(如绿豆、赤豆、扁豆、白扁豆、红枣、桃仁、花生、莲子、桂圆、松子仁、山药、百合、枸杞、芡实、薏仁米等)熬制成粥。我国不同地区的人们根据自己饮食喜爱,选用不同的用料。八宝粥食材与制作都很简单,成品色泽鲜艳,质软香甜、清香诱人、补血、安神。可根据自己的口味加糖、牛奶等。

本节介绍一款青麦仁八宝粥的制作方法,青麦仁富含膳食纤维及多种酶,营养丰富,青麦仁八宝粥使得营养丰富的青麦仁以原生态呈现在产品中,是一款八宝粥新产品,见图6-9。

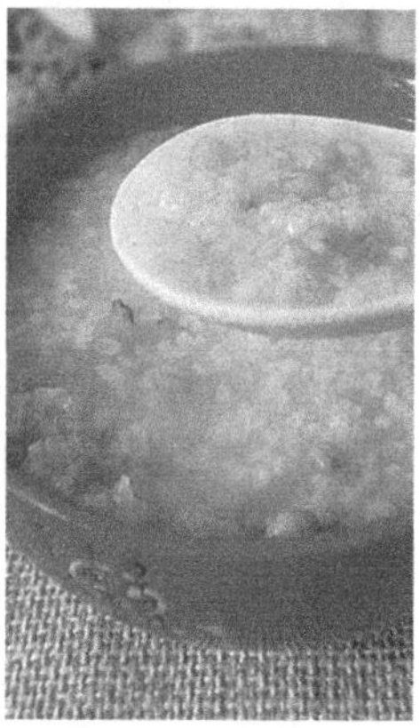

一、主要原料

青麦仁、大米、杂粮(小米、薏米等)、豆类(红豆、绿豆、黑豆等)、干果(桂圆、莲子等)、其他。

图6-9 青麦仁粥

二、配方和工艺

原辅材料选择与处理→配料→预煮→装罐、加糖液→脱气、盖封→杀菌与冷却

三、质量标准

1.感官质量要求

青麦仁粥的感官评定标准见表6-13。

表6-13 青麦仁粥的感官评定标准

评价指标	评分标准	评分
色泽	有良好的青麦色,色泽自然、均匀,呈现各种配料煮熟后的自然色泽	20分
组织形态	无肉眼可见杂质,呈糯软粥状,黏稠适度,结块较少,分层不明显,内容物分布均匀	30分
适口性	入口细腻,较软,有黏滑感,无硬粒及回生现象	30分
气味与滋味	具有青麦仁八宝粥应有的滋味和气味,甜度适中,无异味	20分

2.理化指标、卫生指标

青麦仁八宝粥理化指标和卫生指标参照《八宝粥罐头》(GB/T 31116—2014)。

四、生产加工过程的技术要求

1.原辅材料选择与处理

原辅材料应颗粒饱满,色泽正常,无虫蛀,无霉变,无杂质,无污染。

2.配料

控制比例,原料:水=1:4,杀菌糊化后的黏稠度适宜,成品粥样状态佳。

3.预煮

将处理后的青麦仁、豆类、杂粮类放入灭菌锅中,蒸熟捞出,冲水冷却,滤干水分备用。

4.装罐、加糖液

各种原料按照一定的配比称量装罐,加入 85 ℃以上的糖液,原料固形物糖水的比例应该根据最终产品的稀稠度、体态确定,糖水浓度按照产品净重的百分比换算,根据成品甜度确定其砂糖用量。也可以加入 20 mg/kg 的乙基麦芽酚作为增香剂。

5.脱气与盖封

可以用排气箱脱气、封盖。根据实际生产经验,密封后罐头的真空度一般以 59 kPa (450 mmHg)为宜。罐头封好后,要用温水洗净罐外表面的油污与糖浆。

6.杀菌与冷却

八宝粥产品的杀菌过程也是糊化过程,既要保证产品的保质期,又要使产品具有一定的体态,质地细腻,软硬适当,入口即酥。

第七章　青麦仁焙烤类主食制品的制作工艺

第一节　青麦仁面包的制作工艺

目前,我国普通的主食面包销售量大幅下降,主要原因是随着人们生活水平的提高,不再只是追求填饱肚子,更多追求的是食物要有一定的营养,还要色香味俱全,原来粗淡无味的面包已经不能满足消费者的需求。追求营养、安全的食品已成为当今世界的主流。食品发展的未来应该是安全、健康、营养、保健、回归自然,适合人们追求营养。早在20世纪90年代,人们就提出了低脂肪、低糖、低盐、高蛋白质的"三低一高",成为烘焙产品的发展趋势。21世纪食品发展趋势是自然、营养、保健、安全、健康。因此,青麦仁面包的研制,迎合了广大消费者的需求,加入了青麦仁较高的营养价值,不仅仅为消费者提供一种新的产品,更是为消费者提供一种安全且营养的面包。青麦仁面包见图7-1。

图7-1　青麦仁面包

一、主要原料

青麦仁粉,面包粉,糖,盐,酵母,鸡蛋,奶粉,起酥油,水。

二、配方和工艺

配方比例:500 g混合粉(20%青麦仁粉与80%面包粉),糖75 g,盐4 g,酵母10 g,鸡蛋一个(60 g左右),奶粉15 g,起酥油30 g,水260 g。

制作工艺流程：

配料→和面→发酵→整形→二次醒发→焙烤→成品→冷却包装

三、质量标准

1.感官质量要求

青麦仁面包的感官评定标准,如表7-1所示。

表7-1　青麦仁面包的感官评定标准

项目	满分	评分细则	
		满分	扣分项
面包外形	5分	面包对称性好,外形完整,饱满	大小不一,形状不匀称,有凹陷
表皮质地	5分	表皮无裂痕,平整,无大气泡	有裂痕,有褶皱,有气泡,太硬,太脆
芯色泽	5分	色泽均匀一致	色泽不一,太深或太浅
纹理结构	5分	面包气孔细腻,无明显空洞	粗糙,有大空洞,太紧,太松,
弹柔性	5分	弹性较好,柔软	弹性差,太硬,太软
口感	5分	有甜咸味,有淡酵母味,不粘牙,口感松软不酸,有弹性	口感平淡,太甜,太咸,发黏,有异味,太硬

2.理化指标与卫生指标

青麦仁面包理化指标和卫生指标要求符合《食品安全国家标准 糕点、面包》(GB 7099—2015)。

四、生产加工过程的技术要求

1.调粉、和面

将各种原辅料均匀地混合在一起,形成质量均一的整体,加速面粉吸水、胀润形成面筋的速度,缩短面团形成时间,扩展面筋,使面团具有良好的弹性和延伸性,改善面团的加工性能。

(1)小麦粉的处理　在投料前小麦粉应过筛,除去杂质,使小麦粉形成松散而细小的微粒,还能混入一定量的空气,有利于面团的形成及酵母的生长和繁殖,促进面团发酵成熟。在过筛的装置中要安装磁铁,以利于清除磁性金属杂质。

(2)酵母的处理　压榨酵母、活性干酵母,在搅拌前一般应进行活化:压榨酵母,加入酵母质量5倍、30 ℃左右的水;干酵母,加入酵母质量约10倍。40~44 ℃的水,活化时间为10~20 min。活化期间不断搅拌;为了增强发酵力,也可在酵母分散液中加砂糖(添加量5%),以加快酵母的活化速度。使用高速搅拌机时,酵母不需活化而直接投入搅拌机中。即发活性干酵母不需进行活化,可直接使用。

(3)搅拌投料顺序　先将水、糖、蛋、面包添加剂置于搅拌机中充分搅拌,使糖全部溶化,面包添加剂均匀地分散在水中,能够与面粉中的蛋白质和淀粉充分作用。将奶粉、即发酵母混入面粉中,放入搅拌机搅拌;形成面团,面筋还未充分扩展时加入油脂;最后加入食用盐。面团的理想温度为 26~28 ℃。

搅拌时间:变速搅拌机 10~20 min,不变速搅拌机 15~20 min。

2.面团发酵

发酵室工艺参数设为 28~30 ℃,相对湿度 70%~75%,发酵时间可采用手触发进行判断,用手指轻轻拉开面团,内部呈丝瓜瓤状表示发酵成熟。

3.面团整形

整形包括分块、称量、搓圆、中间醒发、压片、成型、装盘或装模等。整形室条件温度 25~28 ℃,相对湿度 60%~70%,成型,装盘。装入面团前,烤盘须先刷一层薄薄的油,防止面团与烤盘粘连,不易脱模,刷油前先将烤盘预热到 60~70 ℃。

4.二次醒发

温度 38~40 ℃,相对湿度 80%~90%,以 85% 为宜。醒发时间宜为 60~90 min。

5.焙烤工艺

初期阶段:上火不超过 120 ℃,下火 180~185 ℃。

中间阶段:上下火同时提高温度 200~210 ℃,时间 3~4 min。

最后阶段:上火 220~230 ℃,下火 140~160 ℃。

6.面包冷却

温度 22~26 ℃,相对湿度 75%,空气流速 180~240 m/min。

五、青麦仁全粉无蔗糖面包的加工工艺研究

过去因粮食缺乏而导致农民无法满足饱腹需求时,青麦仁常用作充饥。而现在青麦仁却成为一种休闲时令食品,它具有的清新味道及碧绿色泽,使其成为广受欢迎的食品。此外,青麦仁中还含有丰富的膳食纤维、维生素 C、叶绿素等营养物质,是一种高营养且可降低血糖并对消化吸收有益的绿色食品。麦芽糖醇是一种热量较低的功能性甜味剂,不会引起机体血糖升高,特别适用于肥胖症和糖尿病高风险人群及患者,添加到面包等甜味食品中以替代蔗糖,既能保证口感,也有益于消费者的身体健康。目前,国内面包种类繁多,原料及配方的不同,加工工艺和技术参数的差异,都会影响面包的品质。以青麦仁全粉与面包粉调配的混合粉及麦芽糖醇为原料,通过单因素及正交试验优化制作工艺,研发出感官品质良好、营养价值更高,且适合更多人群,尤其适合肥胖与高血糖困扰的人群食用的青麦仁全粉无蔗糖面包,为人们的膳食提供更多的选择。

(一)试验方法

1.工艺流程

速冻青麦仁解冻→清洗→烘干→粉碎过筛→干料、湿料混合→和面→发酵→ 排气→整形→醒发→烘烤→冷却→包装→成品。

2.青麦仁全粉的制备

室温下将速冻青麦仁解冻,去除杂质后用清水洗净,均匀放在烘盘上,40 ℃烘干 12 h。将干燥好的青麦仁粉碎,过 80 目筛,得青麦仁全粉,置于密封袋保存。

3.青麦仁全粉无蔗糖面包的制作要点

(1)酵母活化　称取适量干酵母于烧杯中,加入 50 mL 热水,搅拌至干酵母溶解,于温度 30 ℃、湿度 85% 的醒发箱中静置 15 min。

(2)原料准备　分别称取混合粉 500 g、食用盐 4 g、全蛋液 60 g、奶粉 15 g、黄油 30 g,适量麦芽糖醇,将麦芽糖醇与食用盐用 200 mL 水充分溶解,制成糖醇-盐混合液。

(3)面团调制　将混合粉、糖醇-盐混合液、全蛋液、奶粉、酵母溶液放入和面机中快速搅拌,至面团表面光滑、手感柔软,加入黄油慢速搅打至黄油吸收完全后转高速继续搅打,至面团柔软不粘手,可拉出大片光滑薄膜即可。

(4)发酵　将面团取出,置于温度 30 ℃、湿度 75% 的醒发箱中进行第一次发酵,时间为 2.5 h。

(5)整形　将发酵完成的面团取出,利用压面机排出面团内气体,盖上保鲜膜,室温放置 20 min 进行中间发酵。将处理好的面团分成小块整形,放置烤盘中。

(6)醒发(最终发酵)　整形后的面团放入温度 35 ℃、湿度 85% 的醒发箱中醒发一定时间。

(7)焙烤　将醒发好的面团放入上火 190 ℃、下火 220 ℃ 的烤箱中烤 15~18 min 即可。

4.单因素试验设计

(1)青麦仁全粉添加量对面包品质的影响　以面包粉质量(500 g)为基础,按 5%、10%、15%、20%、25% 的比例将等量的面包粉替换为青麦仁全粉,其他配料为干酵母 10 g、麦芽糖醇 75 g、奶粉 15 g、全蛋液 60 g、食用盐 4 g、黄油 30 g,醒发时间 60 min,研究不同青麦仁全粉添加量对面包品质的影响。

(2)干酵母添加量对面包品质的影响　以混合粉(青麦仁全粉:面包粉=1:4)质量(500 g)为基础,按 1.0%、1.5%、2%、2.5%、3.0% 的比例添加干酵母,其他配料及醒发时间同(1),研究不同干酵母添加量对面包品质的影响。

(3)麦芽糖醇添加量对面包品质的影响　以混合粉(青麦仁全粉:面包粉=1:4)质量(500 g)为基础,按 5%、10%、15%、20%、25% 的比例添加麦芽糖醇,其他配料及醒发时间同(1),研究不同麦芽糖醇添加量对面包品质的影响。

(4)醒发时间对面包品质的影响　混合粉 500 g(青麦仁全粉:面包粉=1:4),其他配料同(1),选取 30 min、40 min、50 min、60 min、70 min 进行醒发,研究不同醒发时间对面包品质的影响。

5.正交试验设计

通过单因素试验研究,进行正交优化试验确定制备青麦仁全粉无蔗糖面包的最佳工艺,采用 L9(3^4)正交试验设计,如表 7-2 所示。

表 7-2　正交试验因素水平表

水平	因素			
	A:青麦仁全粉添加量/%	B:干酵母添加量/%	C:麦芽糖醇添加量/%	D:醒发时间/min
1	15	1.5	10	40
2	20	2.0	15	50
3	25	2.5	20	60

6.面包品质评价

(1)面包感官评价标准　参考《粮油检验　小麦粉面包烘焙品质试验　直接发酵法》(GB/T 14611—2008),青麦仁全粉无蔗糖面包感官评价标准如表7-3所示。面包出炉后自然冷却1 h,由100名感官评价员(男50名,女50名)对面包体积、外观、面包芯色泽、面包芯质地、纹理结构、气味、口感进行评定。

表7-3　青麦仁全粉无蔗糖面包感官评价标准

感官指标	评价标准	分数
体积	< 360 mL	0
	360~900 mL	每增加12 mL加1分
	>900 mL	45分
外观	外形光滑饱满,表面色泽均匀	4~5分
	外形较饱满,表面色泽正常	2~3分
	外形不饱满,表面有斑点	0~1分
面包芯色泽	色泽均匀	3~5分
	色泽不均匀,甚至灰暗	0~2分
面包芯质地	细腻,柔软,弹性好	7~10分
	柔软,有一定弹性	3~6分
	粗糙,弹性差	0~2分
面包芯结构	气孔均匀细密,气孔不均匀,有少许大孔洞	15~20分
		7~14分
	明显大孔洞和实部分	0~6分
气味	有明显青麦仁香气	3~5分
	无青麦仁香气	0~2分
口感	明显香甜味,淡酵母香气	4~10分
	酵母味浓厚,发酸或异味	0~3分

(2)面包质构的测定　质构测定采用TPA法。室温下冷却后密封保存24 h,切成厚度为10 mm的片状,取中心处进行测定。测定参数:P/36 R柱型探头,触发力为5 N,测前、测后速度均为60 mm/min,压缩百分比为25%。

(3)面包主要营养成分的测定　根据GB 5009.3—2016测定水分含量;根据GB 5009.4—2016中第一法(食品中总灰分的测定)测定灰分含量;根据GB 5009.88—2014(酶重量法)测定总膳食纤维的含量;根据GB 5009.6—2016中第二法(酸水解法)测定脂肪含量;根据NY/T 3082—2017测定叶绿素含量。

(二)结果与讨论

1.单因素试验结果分析

(1)青麦仁全粉添加量对面包品质的影响　青麦仁全粉添加量对面包品质的影响如表7-4所示。由表7-4可知,青麦仁全粉添加量与面包的硬度、黏附性、胶黏性、咀嚼性呈正相关,与面包的弹性和内聚性则呈负相关。由图 7-2 可知,青麦仁全粉添加量在 20%时感官评价最高。因此,当青麦仁全粉添加量为 20%时,面包质构优良,符合消费者对面包感官品质的要求。故综合质构数据及感官评分,最佳青麦仁全粉添加量为 20%。

表 7-4 不同青麦仁全粉添加量的面包质构特性

青麦仁全粉（添加量）	硬度	弹性	黏附性	内聚性	胶黏性	咀嚼性
5%	3.05±0.18	4.69±0.09	0.54±0.07	0.60±0.01	5.67±0.56	18.13±1.41
10%	4.87±0.29	4.61±0.14	0.61±0.05	0.56±0.03	9.54±0.73	25.18±1.48
15%	6.12±0.22	4.39±0.06	0.63±0.02	0.53±0.02	10.76±0.68	47.66±2.65
20%	7.62±0.26	4.16±0.10	0.80±0.01	0.51±0.03	11.88±0.48	62.01±1.52
25%	12.36±0.31	3.56±0.12	1.09±0.09	0.50±0.01	14.28±0.83	63.18±2.38

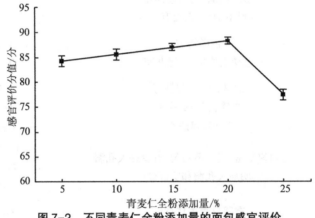

图 7-2 不同青麦仁全粉添加量的面包感官评价

（2）干酵母添加量对面包品质的影响   干酵母添加量对面包品质的影响如表 7-5 所示。添加适量酵母使面包弹性变好,面包的口感、柔软度和蓬松度也有所改善。由表 7-5 可知,当干酵母添加量为 2%时,面包的硬度与胶黏性最小,弹性最佳。由图 7-3 可知,随干酵母添加量的增加,面包感官评分先升高后下降。当酵母添加量过少时,面团无法完全发酵,面包芯实部分较多;当酵母添加量过多时,酵母气味重,味道差。故综合质构数据及感官评分,最佳干酵母添加量为 2%。

表 7-5 不同干酵母添加量的面包质构特性

干酵母添加量	硬度	弹性	黏附性	内聚性	胶黏性	咀嚼性
1%	9.47±0.34	3.78±0.15	0.65±0.03	0.62±0.02	11.79±0.72	67.67±2.03
1.5%	9.19±0.21	3.85±0.12	0.73±0.04	0.57±0.01	11.34±0.83	63.98±1.41
2.0%	7.58±0.23	4.14±0.11	0.79±0.04	0.51±0.03	9.92±0.48	61.93±1.33
2.5%	9.93±0.36	3.98±0.11	0.77±0.02	0.50±0.04	12.16±0.94	60.72±1.76
3.0%	10.17±0.44	3.65±0.09	0.75±0.07	0.52±0.04	13.21±0.88	65.21±2.46

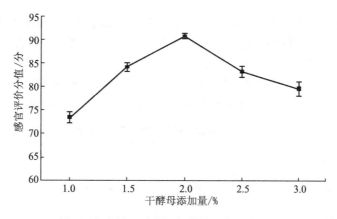

图 7-3　不同干酵母添加量的面包感官评价

（3）麦芽糖醇添加量对面包品质的影响　麦芽糖醇添加量与面包弹性呈负相关,与黏附性、胶黏性呈正相关,如表 7-6 所示。当麦芽糖醇添加量为 15% 时,面包硬度最小。由图 7-4 可知,当麦芽糖醇添加量 15% 时,面包柔软且甜度适中,感官品质最佳。故综合质构数据及感官评分,最佳麦芽糖醇添加量为 15%。

表 7-6　不同麦芽糖醇添加量的面包质构特性

麦芽糖醇添加量	硬度	弹性	黏附性	内聚性	胶黏性	咀嚼性
5%	10.62±0.39	4.32±0.11	0.72±0.03	0.35±0.02	9.43±0.43	63.03±1.47
10%	9.54±0.48	4.21±0.16	0.76±0.08	0.45±0.05	10.84±0.60	62.98±1.80
15%	7.67±0.23	4.19±0.12	0.79±0.03	0.48±0.01	11.78±0.55	62.35±1.45
20%	8.87±0.35	4.18±0.09	0.82±0.05	0.51±0.04	11.91±0.44	63.78±2.28
25%	10.43±0.38	4.15±0.08	0.84±0.01	0.51±0.02	12.21±0.89	63.23±1.99

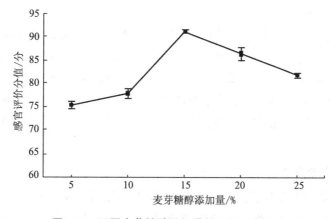

图 7-4　不同麦芽糖醇添加量的面包感官评价

（4）醒发时间对面包品质的影响　由表7-7可知，醒发时间与面包内聚性、咀嚼性呈负相关，而与弹性、胶黏性则呈正相关。由图7-5可知，感官评价分值随着醒发时间的延长，先升高后降低。醒发时间短时，面包未发酵完全，酵母味道重且面包体积小、实心部分较多，硬度较大；醒发时间长时，面包口感发酸。当醒发时间为50 min时，感官评价分值达到最大值。故综合质构数据及感官评分，最佳醒发时间为50 min。

表7-7　不同醒发时间的面包质构特性

醒发时间/min	硬度	弹性	黏附性	内聚性	胶黏性	咀嚼性
30	11.43±0.32	3.98±0.13	0.82±0.04	0.54±0.03	11.65±0.39	67.21±1.38
40	9.56±0.34	4.07±0.12	0.77±0.05	0.49±0.04	11.77±0.52	65.56±1.28
50	7.58±0.25	4.14±0.09	0.79±0.04	0.47±0.05	11.84±0.40	62.26±1.31
60	7.47±0.29	4.22±0.10	0.85±0.01	0.45±0.01	11.92±0.57	61.34±1.67
70	8.02±0.38	4.36±0.08	0.78±0.02	0.40±0.03	12.02±0.73	60.29±1.42

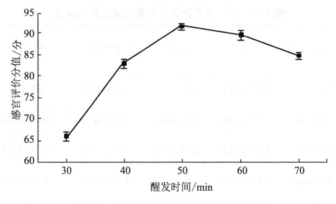

图7-5　不同醒发时间的面包感官评价

2.正交试验结果分析

在单因素试验基础上，进行四因素三水平正交试验，由正交试验极差分析可知，影响青麦仁全粉无蔗糖面包品质的4个因素的权重由大到小依次为青麦仁全粉添加量>干酵母添加量>麦芽糖醇添加量>醒发时间，所以青麦仁全粉添加量为主要影响因素。最佳配方为青麦仁全粉添加量15%、干酵母添加量2%、麦芽糖醇添加量15%、醒发时间60 min。参考由正交优化试验得到的最优工艺进行验证试验，得到面包感官评分为94分，与正交试验结果基本一致。

3.面包营养成分分析

测定青麦仁全粉无蔗糖面包和普通面包，所含主要营养成分如表7-8所示，可知前者叶绿素、维生素C、膳食纤维含量较高，脂肪含量较低，总体营养价值更高。

表 7-8　青麦仁全粉无蔗糖面包和普通面包的主要营养成分

项目	青麦仁全粉无蔗糖面包	普通面包
水分/%	32.12	30.86
灰分/%	1.37	1.36
膳食纤维/%	9.63	7.45
脂肪/%	13.27	16.12
维生素 C/(mg/100 g)	3.21	0.82
叶绿素/(mg/100 g)	8.26	0.00

(三)结论

通过单因素及正交优化试验得出青麦仁全粉无蔗糖面包最优加工工艺:青麦仁全粉添加量15%、干酵母添加量2%、麦芽糖醇添加量15%、醒发时间60 min,面包外形光滑饱满,内外色泽均匀,细腻柔软,香甜可口,感官品质最佳。通过将青麦仁全粉无蔗糖面包与普通面包主要营养成分对比分析可知,前者膳食纤维、维生素 C 和叶绿素含量较高。因此,用青麦仁全粉替代一定比例的面包粉,用麦芽糖醇替代蔗糖得到的青麦仁全粉无蔗糖面包具有较高的营养价值与市场价值,可为功能性面包的研发提供一定理论参考。

六、青麦仁面包风味监测技术

面包中添加青麦仁粉之后,将赋予面包独特的青麦香气,对面包的风味产生较大的影响,同时由于青麦粉面筋含量较低,添加后会影响面包的综合品质,为提升面包质构品质需通过改良剂优化复配,因此,本研究以青麦仁为原料通过冷冻干燥后磨成粉来添加到面包中制作青麦仁面包,旨在研究青麦仁粉对面包风味的影响,同时考察添加改良剂后的青麦面包风味特性的变化,为青麦仁在发酵面制品中的应用提供一定的理论依据和参考价值。

(一)试验方法

1.面包的制备

糖-盐溶液的制备:分别称取 75 g 糖和 4 g 盐,放在 500 mL 烧杯中,加 200 mL 蒸馏水并不断搅拌使糖和盐完全溶解。

酵母预处理:将 10 g 干酵母放入 50 mL 水中,充分搅拌,置于温度 30 ℃、相对湿度 85%的人工气候箱中,放置 10 min。

和面:称取 500 g 混合粉,加入糖-盐溶液、干酵母溶液、鸡蛋(60 g 左右)、奶粉 15 g 以及改良剂,启动和面机开始搅拌,当面筋充分形成后加入 30 g 起酥油继续搅拌,当面团手感柔和时拉成均匀的薄膜即可。

发酵:将面团取出,放入小盆中,置于醒发箱中。发酵条件为温度 36 ℃,相对湿度85%,时间 60 min。

整形:取出面团,将面团气体排出,用压片机 3 次成片,然后将面片卷起,卷积过程中尽量压实,接口处朝下,放入涂了少量油的面包听中。

醒发:将装有面团的面包听放入温度 36 ℃、相对湿度85%的醒发箱中,醒发 45 min。

焙烤:醒发过后,将装有面团的面包听放入烤箱中,上火温度 190 ℃,下火温度 180 ℃,烘烤时间 30 min。

面包基本配方:500 g 混合粉(20%青麦仁粉与80%面包粉),糖 75 g,盐 4 g,酵母 10 g,鸡蛋一个(60 g 左右),奶粉 15 g,起酥油 30 g,水 260 g。改良剂最佳添加量:5.56%谷朊粉、0.0071% α-淀粉酶、0.0099%L-抗坏血酸。

2.面包的加工工艺

配料→和面→发酵→整形→醒发→焙烤→成品→冷却包装

3.气质联用分析面包风味

采用气质联用的方法测定面包挥发性化合物成分。

顶空固相微萃取:称重约 2 g 面包样品,置于样品瓶中,样品约为瓶体积的 1/3,然后置于 60 ℃恒温水浴中,并将已老化好的萃取头插入到样品瓶的上空,顶空萃取 60 min。使用手柄将光纤头返回针头并拉出针头。

分析色谱条件:毛细管色谱柱 DB-5MS,载气速度 1.0 mL/min,进样口温度 240 ℃。程序升温40 ℃,保持 2 min 后,先以 2 ℃/min 升至 50 ℃/min,再以 5 ℃/min 升至110 ℃,最后以 3 ℃/min 升至 240 ℃。

质谱条件:离子源温度 230 ℃,MS 四级杆 150 ℃,传输线温度 280 ℃,离子化模式EI;电子能 70 EV,扫描范围43~500 m/z。

(二)结果与分析

1.青麦仁粉添加量对面包风味的影响

面包的风味是吸引消费者的一个重要因素,也是焙烤类食品的一大特色。本次实验,从普通面包和青麦仁面包中检测到 50 多种风味物质(见表 7-9)。随着青麦仁粉的增多,风味物质的总量也在增多,与青麦仁粉的添加量呈正相关。青麦仁粉的添加,丰富了普通面包的风味,其中2-呋喃甲醇、庚酯甲酸、D-柠檬烯、5-甲基-5-辛二烯醇、麦芽糖醇、癸醛、2,4-癸二烯醛等物质增加,丰富了面包的风味。同时也增强了己醇、苯乙醛和苯甲醛等优良的原始风味。青麦仁粉的添加不仅仅增强了面包原有的优良风味,也赋予了面包新的香味,更能吸引消费者的好奇心。

表7-9 不同青麦仁粉添加量对面包风味的影响

序号	化合物	峰面积						
		0	5%	10%	15%	20%	25%	30%
1	正戊醇	1.04E+08	123621683	143191273	162760862	182330452	201900042	221469632
2	己醛	35795839	48580327	61364814	74149302	86933789	99718277	112502764
3	呋喃甲醛	3.19E+08	355051219	390895811	426740403	462584995	498429587	534274179
4	3-呋喃甲醇	53071538	51774242	50476946	49179649	47882353	46585057	45287761
5	2-呋喃甲醇		14563169	29126339	43689508	58252677	72815846	87379016
6	己醇	20710742	31950323	43189904	54429485	65669066	76908647	88148228
7	庚醛	10807371	11786508	12765645	13744782	14723919	15703056	16682193
8	1-(2-呋喃基)-乙酮	46571391	57084281	67597170	78110060	88622949	99135839	109648728
9	苯甲醛	49710206	59281176	68852146	78423116	87994086	97565056	107136026
10	5-甲基,2-呋喃甲醛	16454075	18778943	21103810	23428678	25753545	28078413	30403280
11	庚酯甲酸		4534152	9068304	13602456	18136608	22670760	27204912
12	1-辛三烯醇	17645357	26486406	35327455	44168504	53009553	61850602	70691651
13	1-环戊基乙酯,己酸	13303366	19088321	24873276	30658231	36443186	42228141	48013096
14	2-戊基-呋喃	37636207	56518138	75400069	94281999	113163930	132045861	150927792
15	9-十四烯醛(Z)-	5472127	6876269	8280411	9684552	11088694	12492836	13896978
16	N-乙酰基-4(H)-吡啶	4681469	5378154	6074839	6771523	7468208	8164893	8861578

序号	化合物	峰面积						
		0	5%	10%	15%	20%	25%	30%
17	D-柠檬烯		2268496	4536993	6805489	9073985	11342481	13610978
18	5-十四碳烯-3-炔,(Z)		1465052	2930104	4395156	5860208	7325260	8790312
19	3,5-辛二烯醇	3389185	4528997	5668810	6808622	7948434	9088246	10228059
20	苯乙醛	15069131	21466787	27864443	34262098	40659754	47057410	53455066
21	2-辛烯醛	7200920	10137745	13074570	16011395	18948220	21885045	24821870
22	1-(1H-吡咯-2-基)-乙酮	3593834	5181139	6768443	8355748	9943052	11530357	13117661
23	2-辛-烯醇,(Z)-	4066281	4066301	4066322	4066342	4066362	4066382	4066403
24	1-壬烯	6159984	10257313	14354643	18451972	22549301	26646630	30743960
25	4-甲基-5-[2-甲基-2-丙烯基]咪唑	3611292	4176653	4742014	5307374	5872735	6438096	7003457
26	5-甲基-5--辛二烯醇		2537427	5074854	7612281	10149708	12687135	15224562
27	2,6,11-三甲基十二烷		1689789	3379578	5069366	6759155	8448944	10138733
28	壬醛	36720946	48591857	60462768	72333678	84204589	96075500	107946411
29	麦芽糖醇		15361397	30722794	46084191	61445588	76806985	92168382
30	苯乙醇	59235810	59417828	59599847	59781865	59963883	60145901	60327920
31	4-(1,5-二氢苯并[e][1,3,2]二氧杂硼杂环戊烷-3-基)苯甲酸	4070724	4711839	5352954	5994068	6635183	7276298	7917413
32	2,3-二氢-3,5-二羟基-6-甲基-4H-吡喃-4-酮	17531099	25086325	32641551	40196776	47752002	55307228	62862454
33	3-壬-烯醇,(E)-	3035891	4811414	6586936	8362459	10137981	11913504	13689026

续表 7-9

序号	化合物	峰面积						
		0	5%	10%	15%	20%	25%	30%
34	2-壬烯醛,(Z)-	6326113	11678925	17031737	22384548	27737360	33090172	38442984
35	淄醇	4438698	5782297	7125896	8469495	9813094	11156693	12500292
36	2-己基-环丙烷乙酸	3669529	5463711	7257893	9052075	10846257	12640439	14434621
37	1-亚甲基-1H-茚	4177293	5132323	6087352	7042382	7997411	8952441	9907470
38	2-甲基-5-(1-甲基乙烯基)-环己醇	3386048	4639872	5893696	7147520	8401344	9655168	10908992
39	辛酸乙酯	27301804	30549918	33798031	37046145	40294258	43542372	46790485
40	癸醛		2511076	5022153	7533229	10044305	12555381	15066458
41	3,7-二甲基-2,6-醛(Z)-	3719780	8603849	13487918	18371986	23256055	28140124	33024193
42	3-癸-烯醇,(Z)-	12792643	11390981	9989318	8587656	7185993	5784331	4382668
43	2-癸烯醛,(Z)-		22427380	4854760	7282140	9709520	12136900	14564280
44	3,7-二甲基-2,6-醛(E)-	3064270	11743636	20423003	29102369	37781735	46461101	55140468
45	3-羟基乙酯十三烷酸	20621341	18764653	16907965	15051277	13194589	11337901	9481213
46	十五烷	9720759	8074465	6428171	4781876	3135582	1489288	157007
47	2-乙烯基-1,3,3-三甲基-环己烯		685966	1371931	2057897	2743862	3429828	4115793
48	2,4-癸二烯醛		2034248	4068495	6102743	8136990	10171238	12205485
49	3-(3-甲基-1-丁烯基)-环己烯,(E)-		1472844	2945687	4418531	5891374	7364218	8837061

续表 7-9

序号	化合物	峰面积						
		0	5%	10%	15%	20%	25%	30%
50	2 氢-5-戊基-2(3H)呋喃酮	7780301	7930049	8079797	8229545	8379293	8529041	8678789
51	1-(1,5-二甲基-4-己烯基)-4-甲基-苯,	18261423	21683010	25104597	28526184	31947771	35369358	38790945
52	5-(1,5-二甲基-4-己烯基)-2-甲基-1,3-环己二烯[S-(R*,S*)]-	17322471	19808814	22295158	24781501	27267844	29754187	32240531
53	1,2,3,4,4a,5,6,8a-八氢-7-甲基-4-亚甲基-1-(1-甲基乙基)-,(1α,萘		1564614	3129229	4693843	6258457	7823071	9387686
54	1-甲基-4-(5-甲基-1-亚甲基-4-己烯基)-环己烯(S)-	8878691	10653174	12427656	14202139	15976621	17751104	19525586
55	丁基化羟基甲苯	61406679	56166191	50925702	45685214	40444725	35204237	29963748
56	3-(1,5-二甲基-4-己烯基)-6-亚甲基环己烯[S-(R*,S*)]-	11294344	13179359	15064374	16949388	18834403	20719418	22604433

2.青麦仁粉添加量对面包风味的影响

由表7-10可知,与普通面包相比,青麦仁粉的添加,丰富了普通面包的风味,其中2-呋喃甲醇、庚酯甲酸、D-柠檬烯、5-甲基5-辛二烯醇、麦芽糖醇、癸醛、2,4-癸二烯醛等物质增加,丰富了面包的风味。同时也增强了己醇、苯乙醛和苯甲醛等优良的原始风味。

表7-10　优化前后青麦仁面包与普通面包风味物质对比分析

序号	化合物	峰面积		
		普通面包	优化前青麦仁面包	优化后青麦仁面包
1	正戊醇	104052093	166674780	182330452
2	己醛	35795839	76706199	86933789
3	呋喃甲醛	319206627	433909321	462584995
4	3-呋喃甲醇	53071538	48920190	47882353
5	2-呋喃甲醇		46602142	58252677
6	己醇	20710742	56677401	65669066
7	庚醛	10807371	13940609	14723919
8	1-(2-呋喃基)-乙酮	46571391	80212637	88622949
9	苯甲醛	49710206	80337310	87994086
10	5-甲基,2-呋喃甲醛	16454075	23893651	25753545
11	庚酯甲酸		14509286	18136608
12	1-辛三烯醇	17645357	45936714	53009553
13	1-环戊基乙酯,己酸	13303366	31815222	36443186
14	2-戊基-呋喃	37636207	98058385	113163930
15	9-十四烯醛,(Z)-	5472127	9965381	11088694
16	N-乙酰基-4(H)-吡啶	4681469	6910860	7468208
17	D-柠檬烯		7259188	9073985
18	5-十四碳烯-3-炔,(Z)-		4688166	5860208
19	3,5-辛二烯醇	3389185	7036584	7948434
20	苯乙醛	15069131	35541629	40659754
21	2-辛烯醛	7200920	16598760	18948220
22	1-(1H-吡咯-2-//基)-乙酮	3593834	8673208	9943052
23	2-辛-烯醇,(Z)-	4066281	4066346	4066362
24	1-壬烯	6159984	19271438	22549301
25	4-甲基-5-[2-甲基-2-丙烯基]咪唑	3611292	5420446	5872735
26	5-甲基-5-辛二烯醇		8119766	10149708

续表 7-10

序号	化合物	峰面积		
		普通面包	优化前青麦仁面包	优化后青麦仁面包
27	2,6,11-三甲基十二烷		5407324	6759155
28	壬醛	36720946	74707860	84204589
29	麦芽糖醇		49156470	61445588
30	苯乙醇	59235810	59818268	59963883
31	4-(1,5-二氢苯并[e][1,3,2]二氧杂硼杂环戊烷-3-基)苯甲酸	4070724	6122291	6635183
32	2,3-二氢-3,5-二羟基-6-甲基-4H-吡喃-4-酮	17531099	41707821	47752002
33	3-壬-烯醇,(E)-	3035891	8717563	10137981
34	2-壬烯醛,(Z)-	6326113	23455111	27737360
35	淄醇	4438698	8738215	9813094
36	2-己基-环丙烷乙酸	3669529	9410911	10846257
37	1-亚甲基-1H-茚	4177293	7233387	7997411
38	2-甲基-5-(1-甲基乙烯基)-环己醇	3386048	7398285	8401344
39	辛酸乙酯	27301804	37695767	40294258
40	癸醛		8035444	10044305
41	3,7-二甲基-2,6-醛(Z)-	3719780	19348800	23256055
42	3-癸-烯醇,(Z)-	12792643	8307323	7185993
43	2-癸-烯醛,(Z)-		7767616	9709520
44	3,7-二甲基-2,6-醛(E)-	3064270	30838242	37781735
45	3-羟基乙酯十三烷酸	20621341	14679939	13194589
46	十五烷	9720759	4452617	3135582
47	2-乙烯基-1,3,3-三甲基-环己烯		2195090	2743862
48	2,4-癸二烯醛		6509592	8136990
49	3-(3-甲基-1-丁烯基)-环己烯,(E)-		4713099	5891374
50	2氢-5-戊基-2(3H)呋喃酮	7780301	8259495	8379293
51	1-(1,5-二甲基-4-己烯基)-4-甲基-苯	18261423	29210501	31947771
52	5-(1,5-二甲基-4-己烯基)-2-甲基-1,3-环己二烯[S-(R*,S*)]-	17322471	25278769	27267844

续表 7-10

序号	化合物	峰面积		
		普通面包	优化前青麦仁面包	优化后青麦仁面包
53	1,2,3,4,4a,5,6,8a-八氢-7-甲基-4-亚甲基-1-(1-甲基乙基)－1α-萘		5006766	6258457
54	1-甲基-4-(5-甲基-1-亚甲基-4-己烯基)－环己烯(S)－	8878691	14557035	15976621
55	丁基化羟基甲苯	61406679	44637116	40444725
56	3-(1,5-二甲基-4-己烯基)-6-亚甲基环己烯[S-(R＊,S＊)]－	11294344	17326391	18834403

(三)结论

利用 GC-MS 技术考察了青麦仁面包与普通面包的风味差异,进行了普通面包、不同青麦粉添加量的面包以及加入改良剂的面包的风味成分分析,实现了青麦仁面包优化过程的风味监测。添加青麦仁粉后,面包内呈味物质种类增多,经过面包工艺优化实验和复合改良剂优化实验,青麦仁面包的感官品质和质构品质有所提升,风味也进一步得到改善。

第二节　青麦仁饼干的制作工艺

目前,消费者快节奏的生活方式和对健康膳食的需求决定了休闲食品的发展方向。饼干作为一种营养休闲食品,种类繁多。目前饼干业的发展方向:一是更注重营养的搭配,随着消费者消费理念的改变,饼干提供的常规营养已不能满足消费者的需求,大家更倾向于功能性饼干,比如,富含钙、铁等矿物质元素的饼干和富含功能性成分(如膳食纤维)的饼干;二是更休闲,作为大家休闲娱乐的主要食品,饼干应携带方便、外形美观;三是品牌消费日趋明显;四是消费主体是女性。

青麦仁是粗粮的一种,膳食纤维是成熟小麦的 5~6 倍,青麦仁含有胶原蛋白能够延缓人体衰老,青麦仁叶绿素中的微量铁是天然造血原料,具有增强体质的作用。因此以青麦仁为主要原料制作的饼干符合饼干业发展的要求。青麦仁饼干见图 7-6。

图 7-6　青麦仁饼干

一、主要原料

面粉、青麦仁全粉、起酥油、白砂糖、全蛋液、小苏打、泡打粉、饴糖。

二、配方和工艺

青麦仁全粉–中筋粉混合粉 100 g(以混合粉的质量为基准,其他辅料以占混合粉质量的百分比计,下同),其他配料添加量为起酥油 23%、白砂糖 32%、全蛋液 26%、小苏打 1.3%、泡打粉 1.5%、饴糖 4.6%。

青麦仁酥性饼干的加工工艺:

面粉、青麦仁全粉、辅料预混→面团调制→静置→制片→模具成型→焙烤→冷却→成品

三、质量标准

1.感官质量要求

青麦仁饼干的感官评定标准如表 7-11 所示。

表 7-11　青麦仁饼干的感官评定标准

项目	满分	评分标准	扣分内容	扣分百分比
形态	20分	外形完整,厚薄一致,整齐,无裂缝	不完整	20%
			起泡	30%
			不端正	20%
			凹底 1/3	20%
			凹底 1/5	10%
色泽	15分	呈黄绿色,色泽均匀,无结块,无烤焦现象	色泽不均匀	20%
			过焦、过白	30%
粘牙度	10分	不粘牙	轻微粘牙	25%
			较粘牙	50%
酥松度	20分	口感酥脆,无明显粗糙感	很酥松	0
			较酥松	50%
			不酥松	100%
风味	20分	具有青麦仁清新的气味,无特殊味道,不油腻,甜度适中	青麦仁香味	0
			其他特殊味道	25%
			油腻	25%
组织结构	15分	质地酥松,横截面呈现多空,孔状均匀,无杂物	均匀	0
			轻微不均匀	25%
			较不均匀	50%
			不均匀	100%

2.理化指标及卫生指标

青麦仁饼干理化指标及卫生指标符合《饼干》(GB 7100—2015)。

四、生产加工过程的技术要求

1.投料顺序

将起酥油软化,先用打蛋器将起酥油打散,依次加入白砂糖(糖粉)、饴糖搅拌混匀,再加入水和蛋液,将鸡蛋打散,少量多次(2~3次)加入,用打蛋器搅打均匀顺滑。

2.面团调制

将面粉、青麦仁全粉和小苏打等辅料混合均匀,筛入搅拌好的油脂中,用刮刀搅拌均匀,搅拌到不见干粉即可,切勿过度搅拌;然后将面团分成质量相同的小剂子。

3.辊印成型

在辊印成型过程中,分离刮刀的位置直接影响饼坯的质量,橡皮脱模辊的压力大小也对饼坯成型质量有一定影响。辊印成型要求面团稍硬一些,弹性小一些。面团过软会造成喂料不足,脱模困难,有时会因刮刀铲不净饼坯底板上多余的面屑,使脱出的饼坯外缘形成多余的尾边,影响饼干的外观。若面团调得过硬及弹性过小,会使压模不结实,造成脱模困难或残缺,烘出的饼干表面有裂纹,破碎率增大。

一些饼干如千层酥类,在面带中裹入大量油脂(奶油或起酥油),为防止油脂的走油,多利用包馅机的原理,用螺旋挤出成型机将面团挤成圆筒状,在挤出时,从中间向中空的圆筒状面带里挤出油脂,然后再用履带式压片机压延成面带,并折叠、旋转、辊轧,送入成型机。

4.酥性饼干的烘烤

酥性饼干的配料使用范围广、块形各异、厚薄相差悬殊,在烘烤过程中要确定一个统一的烘烤参数是困难的。对配料中油、糖含量高的酥性饼干而言,可以采用高温短时间的烘烤方法。

由于酥性饼干配料中油、糖多,疏松剂用量少,在面团调制时面筋形成量低,入炉后易发生饼坯不规则膨大的"油摊"现象,并可能产生破碎,所以一入炉就要使用高温,迫使其凝固定型。另外,为了防止成品破碎,加工多采用厚饼坯的加工工艺,饼坯厚度比一般饼坯厚50%~100%,宜采用低温烘烤。在口味方面,这种饼干即使胀发率小、结构紧密一些也不失其疏松的特点,其较高的油脂含量足以保证制品有较高的疏松性。

5.酥性饼干的冷却

一般冷却带的长度宜为烤炉长度的1.5倍以上,但冷却带过长,既不经济,又占空间。冷却适宜的条件是温度为30~40 ℃,室内相对湿度为70%~80%。如果在室温25 ℃,相对湿度约为80%的条件下,进行饼干自然冷却,经过5 min,其温度可降至45 ℃以下,水分含量也达到要求,基本上符合包装要求。

五、青麦仁无蔗糖曲奇饼干

传统曲奇饼干以其酥软、香甜可口、方便制作等优点而深受消费者青睐,但因其高热量、高油脂和不易消化的特性使部分消费者望而却步。青麦仁全粉含有丰富的膳食纤维,有助于促进肠道蠕动及人体消化吸收,且减少人体对有害物质的吸收。添加青麦仁全粉能够使曲奇饼干带有独特的青麦仁清香,既可使曲奇饼干的品质和口感得到显著改善,又具有一定的保健功效。作为甜味剂的麦芽糖醇,甜味温和细腻,具有热量低、促进钙吸收及降低人体血糖的功能。利用麦芽糖醇代替蔗糖,克服传统曲奇饼干高糖、高热量的缺点,特别适用于肥胖症和糖尿病高风险人群。通过添加青麦仁全粉和麦芽糖醇,探究青麦仁无蔗糖曲奇饼干的最佳制作工艺并对其进行相关质构分析,以期获得适宜于更多消费者的低热量、无蔗糖功能性曲奇饼干。

(一)实验方法

1.青麦仁粉的制备

室温下将速冻青麦仁解冻,去除杂质并用水洗净,均匀置于烘盘,40 ℃条件下烘 12 h后取出冷却至室温,将干燥好的青麦仁粉碎并过 80 目筛,即得青麦仁全粉,装于密封袋,储存于干燥阴凉处备用。

2.工艺流程

黄油→搅打至发白糊状→加入过筛的低筋面粉、青麦仁粉→加入麦芽糖醇、蛋液→调制面糊→成型→焙烤→出炉→冷却至室温→成品

3.制作要点

(1)打发黄油　取干燥、洁净的不锈钢盆,将称取好的黄油打发至黏稠发白糊状。

(2)调制面糊　称取适量过 80 目筛的低筋面粉、青麦仁粉及适量的麦芽糖醇、蛋液,依次加入至打发好的黄油中,调制成均匀糊状。

(3)成型　通过模具挤压成型,装入烤盘中。

(4)焙烤　在一定的焙烤温度下焙烤适宜时间。

(5)成品　将饼干取出冷却至室温即得成品。

4.单因素试验设计

在基础配方(低筋面粉 100 g、蛋液 5 g、食用油 15 g、焙烤上火温度 170 ℃、下火温度150 ℃)的基础上,通过单因素试验考察青麦仁粉添加量、黄油添加量、麦芽糖醇添加量以及焙烤时间对青麦仁粉无蔗糖曲奇饼干感官品质的影响。

(1)青麦仁全粉添加量　黄油添加量为 70 g、麦芽糖醇添加量为 25 g、焙烤时间为18 min时,青麦仁粉依次添加 5 g、10 g、15 g、20 g、25 g,研究青麦仁粉添加量对曲奇饼干感官品质的影响。

(2)黄油添加量　青麦仁粉添加量为 15 g、麦芽糖醇添加量为 25 g、焙烤时间为18 min时,黄油依次添加 40 g、50 g、60 g、70 g、80 g,研究黄油添加量对曲奇饼干感官品质的影响。

(3)麦芽糖醇添加量　青麦仁粉添加量为 15 g、黄油添加量为 70 g、焙烤时间为18 min时,麦芽糖醇依次添加 15 g、20 g、25 g、30 g、35 g,研究麦芽糖醇添加量对曲奇饼干感官品质的影响。

（4）焙烤时间　青麦仁粉添加量为 15 g、黄油添加量为 70 g、麦芽糖醇添加量为 25 g 时，焙烤时间依次为 14 min、16 min、18 min、20 min、22 min 时，研究焙烤时间对曲奇饼干感官品质的影响。

5.正交试验设计

在单因素试验的基础上，以青麦仁粉添加量、黄油添加量、麦芽糖醇添加量和焙烤时间进行四因素三水平 L9(3⁴) 正交试验，见表 7-12，用以确定青麦仁粉无蔗糖曲奇饼干最佳的工艺配方，试验结果以感官评定为指标。

表 7-12　青麦仁曲奇饼干配方正交试验因素水平表

水平	A:焙烤时间/min	B:黄油添加量/g	C:麦芽糖醇添加量/g	D:青麦仁粉添加量/g
1	16	50	25	10
2	18	60	30	15
3	20	70	35	20

6.青麦仁全粉无蔗糖曲奇饼干的感官评价标准

评价小组由 100 名人员（男 50 名，女 50 名）组成，对口感、色泽、风味、外形、花纹与组织结构进行感官评分。评分项目以及评分标准见表 7-13。

表 7-13　青麦仁全粉无蔗糖曲奇饼干感官评定标准

项目	标准	分数
口感	口感酥软，不粘牙，甜度适中，细腻	14~20 分
	口感较酥软，稍粘牙，甜度较适中	8~13 分
	口感较硬，粘牙，有颗粒感	1~7 分
色泽	表面呈均匀的金黄色，无焦煳、白粉现象	14~20 分
	表面呈均匀的淡金黄色，略有焦煳、白粉现象	8~13 分
	表面呈不均匀的黄褐色，有明显焦煳、白粉现象	1~7 分
风味	具有较浓郁的青麦仁全粉香味，无异味和苦味	21~30 分
	具有淡淡的青麦仁全粉香味，有微异味和苦味	11~20 分
	青麦仁全粉味道过重，有异味和苦味	1~10 分
外形	大小厚薄均匀，外形完整，不变形、不起泡	14~20 分
	大小厚薄基本均匀，外形较完整，有微变形、起泡现象	8~13 分
	大小厚薄不均匀，外形不完整，有变形、起泡现象	1~7 分
花纹与组织结构	花纹清晰，组织结构呈细密的多孔状，孔细密且均匀，断面细腻	8~10 分
	花纹较清晰，略有大孔但较均匀，组织结构基本清晰，断面较粗糙	4~7 分
	花纹不清晰，孔大且不均匀，组织结构不清晰，断面粗糙	1~3 分
总分		100 分

7.青麦仁全粉无蔗糖曲奇饼干的质构评价方法

青麦仁全粉无蔗糖曲奇饼干与传统曲奇饼干的质构通过 TMS-PRO 质构仪进行测定。将曲奇饼干切成厚度约 30 mm 的薄片,最大感应力为 40 N,最小感应力为 0.075 N,探头 P/36R,探头上升高度为 20 mm,压缩测定速度为 60 mm/min,压缩程度为 8%。每个样品测定 3 次后结果取平均值,用以比较青麦仁全粉无蔗糖曲奇饼干和传统曲奇饼干在硬度、咀嚼性、弹性、胶黏性和黏附性方面的差异。

(二)结果与分析

1.单因素试验结果与分析

(1)青麦仁全粉添加量对曲奇饼干感官品质的影响 由图 7-7 可知,青麦仁全粉添加量逐渐增加时,曲奇饼干的感官评分呈现上升趋势,当青麦仁全粉添加量超过 15 g 时,曲奇饼干的感官评分呈现下降趋势。当青麦仁全粉添加量为 15 g 时,曲奇饼干具有较浓郁的青麦仁香气,口感细腻,感官评分达到最高。因此,青麦仁全粉无蔗糖曲奇饼干制作的最佳青麦仁全粉添加量为 15%。

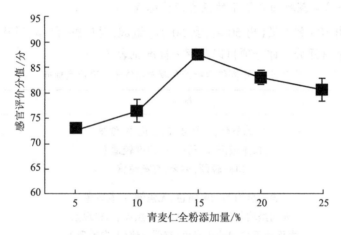

图 7-7 青麦仁全粉添加量对曲奇饼干感官品质的影响

(2)黄油添加量对曲奇饼干感官品质的影响 由图 7-8 可知,随着黄油添加量增加,曲奇饼干的感官评分先上升后下降。由感官评定结果可知,当黄油添加量为 70 g 时,曲奇饼干口感酥软,不粘牙,此时感官评分达到最高。当黄油添加量为 80 g 时,曲奇饼干过于松软,容易出现破碎,感官评分下降。因此,青麦仁全粉无蔗糖曲奇饼干制作的最佳黄油添加量为 70 g。

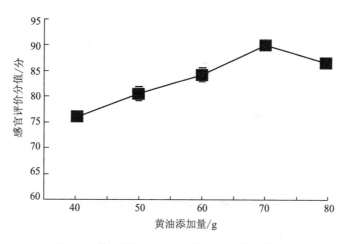

图 7-8　黄油添加量对曲奇饼干感官品质的影响

（3）麦芽糖醇添加量对曲奇饼干感官品质的影响　由图 7-9 可知,随着麦芽糖醇添加量不断增加,曲奇饼干的感官评分呈先上升后下降的趋势。由感官评定结果可知,当麦芽糖醇添加量为 25 g 时,曲奇饼干甜度适中,无颗粒感,不变形,不起泡,此时感官评分达到最高。因此,青麦仁全粉无蔗糖曲奇饼干制作的最佳麦芽糖醇添加量为 25 g。

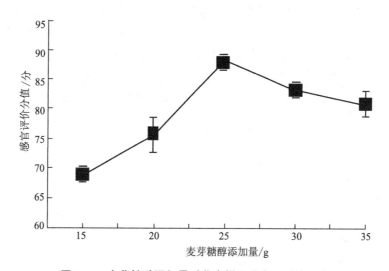

图 7-9　麦芽糖醇添加量对曲奇饼干感官品质的影响

（4）焙烤时间对曲奇饼干感官品质的影响　由图 7-10 可知,随着焙烤时间的增加,感官评分先升高后降低。当焙烤时间少于 18 min 时,曲奇饼干表面呈不均匀的淡金黄色,花纹不清晰,断面结构不完整,有明显发白现象。当焙烤时间大于 18 min 时,曲奇饼干表面呈不均匀的黄褐色,有微变形、起泡及明显焦煳现象。当焙烤时间为 18 min 时,曲奇饼干表面呈均匀的金黄色,无发白、焦煳现象,大小厚薄均匀,外形完整,花纹清晰,此时感官评分达到最高。因此,青麦仁全粉无蔗糖曲奇饼干制作的最佳烘焙时间为 18 min。

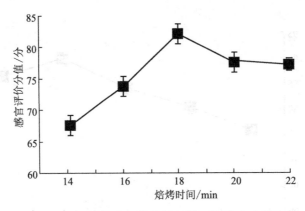

图7-10 焙烤时间对曲奇饼干感官品质的影响

2.正交试验结果与分析

（1）正交试验结果　正交试验结果见表7-14,从表中可以看出 A>C>D>B,即对曲奇饼干感官品质的影响重要性为焙烤时间>麦芽糖醇添加量>青麦仁全粉添加量>黄油添加量。各个因素的最佳水平的组合为A3B3C1D3,即最佳配方:以低筋面粉添加量100 g为基础,青麦仁全粉添加量为20 g,麦芽糖醇添加量为25 g,黄油添加量为70 g,焙烤时间为20 min。

（2）验证性试验　参照正交优化试验得到的最佳因素组合进行验证,重复以上操作3次并取平均值,得出此时青麦仁全粉无蔗糖曲奇饼干的综合感官评分为92分,成品曲奇色泽诱人,香甜酥脆,口感细腻,与正交试验结果基本一致。

表 7-14　青麦仁全粉无蔗糖曲奇饼干配方正交试验结果

实验号	A:焙烤时间/min	B:黄油 添加量/g	C:麦芽糖醇 添加量/g	D:青麦仁全粉 添加量/g	感官评分
1	16	50	25	10	67 分
2	16	60	30	15	63 分
3	16	70	35	20	75 分
4	18	50	35	20	81 分
5	18	60	30	10	77 分
6	18	70	25	15	91 分
7	20	50	35	15	85 分
8	20	60	25	10	87 分
9	20	70	30	20	79 分
K_1	68.333	77.667	81.667	74.333	
K_2	83.000	75.667	74.333	79.667	
K_3	83.667	81.667	79.000	81.000	
R	15.334	6.000	7.334	6.667	

3.青麦仁全粉无蔗糖曲奇饼干的质构结果与分析

曲奇饼干的硬度、咀嚼性、弹性、胶黏性和黏附性等是评价其感官品质的重要因素。青麦仁全粉无蔗糖曲奇饼干与传统曲奇饼干质构参数的比较结果如表 7-15，青麦仁全粉无蔗糖曲奇饼干的硬度和胶黏性小于传统曲奇饼干，而弹性、咀嚼性和黏附性均略大于传统曲奇饼干，但并未明显影响其感官品质，整体质构优良。

表 7-15 青麦仁全粉无蔗糖曲奇饼干和传统曲奇饼干的质构参数

质构参数	青麦仁全粉无蔗糖曲奇饼干	传统曲奇饼干
硬度/g	1 067.45±95.92	1 333.94±104.90
咀嚼性/g	1 589.14±18.63	1 486.43±15.29
弹性	0.505±0.009	0.436±0.007
胶黏性/g	309.59±9.18	386.99±11.475
黏附性	0.118±0.003	0.097±0.001

(三)结论

通过单因素及正交试验确定了青麦仁全粉无蔗糖曲奇饼干的最佳制作工艺，在基础配方(低筋面粉 100 g、蛋液 5 g、食用油 15 g、焙烤上火温度 170 ℃、下火温度 150 ℃)基础上，青麦仁全粉添加量为 20 g，麦芽糖醇添加量为 25 g，黄油添加量为 70 g，焙烤时间为 20 min，此配方研制的青麦仁全粉无蔗糖曲奇饼干感官品质最佳，松软酥脆，香甜可口，质构良好。

六、青麦仁饼干活性成分及抗氧化作用的体外消化模拟分析

青麦仁是未完全成熟的小麦粒，颗粒饱满，色泽碧绿，口感清爽，含有丰富的营养物质，具有助消化、降血糖、抗氧化等功能，是一种高营养的纯绿色食品。作为一种新兴的食品工业材料，青麦仁具有广阔的开发利用前景，既可用于提高食品的风味，又可增加食品的营养价值。

饼干是以小麦粉为主要原料，加入糖、油脂及其他配料，经调粉、成型、烘烤等工艺制成的口感酥松的食品。依据配方和生产工艺的差别，饼干可分为酥性饼干、曲奇饼干、韧性饼干、发酵饼干、苏打饼干等，具有耐储藏、易携带、口味丰富等特点，深受广大青少年的喜爱。最近几年随着广大群众对营养健康饮食的重视，人们对食品的消费不断向营养化、健康化、多样化转变，饼干市场也呈现竞争愈加激烈的态势，越来越多的传统饼干正被新型的功能性饼干所取代。在不影响饼干原有风味的基础上，向饼干中添加具有特殊功能的营养辅料从而研制功能性饼干已成为目前饼干研究的趋势，目前国内已成功研究出猴菇饼干、青稞饼干、藜麦饼干等。以青麦仁为主要原料进行青麦仁韧性饼干的加工研究，既保留了饼干的基本品质，又使饼干更富有营养价值和功能价值，既丰富了饼干的种类，对指引饼干产品开发方向具有重要的现实意义，又为青麦仁的深加工探索了一条新途径。

本部分通过测定体外模拟消化前后青麦仁饼干的活性成分和抗氧化能力的变化，为青麦仁饼干的深入研究提供一定的理论基础。

(一)实验方法

1.青麦仁韧性饼干的制备

辅料预混→加入低筋粉、青麦仁全粉→面团调制→静置→制片→模具成型→焙烤→冷却→成品

操作要点:

(1)面团调制 原料预混及面团调制时的投料顺序是抑制面筋形成,让产品更酥的关键环节。先将水、糖粉、盐、油、小苏打等充分搅拌成均匀乳浊液,然后加入预先混匀的低筋粉和青麦粉,均匀调制面团(注:调制面团时混匀即可,不要过度搅拌,以免起筋,造成成品口感不佳)。

(2)碾压 用压面机碾压调制好的面团,每碾压一次要沿一个方向旋转90°,最终形成形态完整、色泽均匀、厚度为 2~3 mm 的面片。

(3)焙烤 焙烤温度为上火温度 185 ℃、下火温度 165 ℃,焙烤时间总共为 6 min。饼干放入烤箱焙烤 3 min 后,将烤盘调换方向,继续烘烤,保证饼干在烤制过程中受热均匀。

(4)冷却 焙烤结束后,不要立即移动饼干,应将烤盘放置温度较低处,待其冷却至室温后进行装盘。

2.样品提取液的制备

称取一定量的青麦仁饼干研磨成粉,按料液比 1:4 的比例加入石油醚进行脱脂。脱脂完成后,称取 5 g 脱脂后的样品按料液比 1:33 的比例加入70%乙醇提取剂,在 57 ℃下反应 27 min。冷却后以 3 000 r/min 离心 15 min,过滤,于−20 ℃保存备用。

3.体外模拟消化

消化过程包括两个部分:模拟胃液消化和模拟肠道消化。

取样品溶液 60 mL,用 1 moL/L HCl 调溶液 pH = 2.0,加入胃蛋白酶(0.48 g:15 mL 0.1 mol/L HCl)12 mL,37 ℃下以 160 r/min 恒温振荡模拟体外胃液消化 2 h。胃液消化反应结束后,取 30 mL 胃液消化后的样品液,用 1 moL/L NaOH 溶液调 pH = 7.8,加入胰蛋白酶(0.288 g:12 mL 0.01 mol/L pH = 7.0 PBS)6 mL,37 ℃下以 160 r/min 恒温振荡模拟体外肠液消化 2 h。然后在 100 ℃沸水浴中加热 5 min 终止酶解反应。冷却后离心(5 000 r/min,10 min),收集上清液于−20 ℃保存备用。

4.青麦仁饼干中总酚含量的测定

标准曲线测定:配制浓度为 200 μg/mL 的没食子酸标准溶液。分别取 0、0.025、0.125、0.250、0.500 mL 没食子酸标准液于 25 mL 容量瓶中,依次加入 2mL 福林酚试剂和 5 mL 10%碳酸钠溶液,用蒸馏水定容至 25 mL,混合均匀,50 ℃下避光反应 60 min,测定 765 nm 处吸光度,绘制标准曲线。

总酚含量的测定:取 1 mL 消化前后的样品液于 10 mL 容量瓶中,加蒸馏水至刻度线稀释 10 倍。取 2 mL 稀释样品液于 25 mL 容量瓶中,依次加入 2 mL 福林酚试剂和5 mL 10%(质量分数)碳酸钠溶液,用蒸馏水定容至 25 mL,充分混匀,50 ℃避光反应 60 min,测定 765 nm 处吸光度。以水为空白,测定溶液在 765 nm 处吸光值,以没食子酸为标样绘制标准曲线,总酚含量以没食子酸当量(gallic acid equivalent,GAE)表示。

5.青麦仁饼干中维生素 C 的测定

参照 GB 5009.86—2016《食品安全国家标准 食品中抗坏血酸的测定》中的 2,6-二氯靛酚滴定法对样品中抗坏血酸进行测定。

6.DPPH 自由基清除能力的测定

结果以 DPPH 自由基清除百分比(%)表示,见式(7-1)

$$DPPH 清除率(\%) = (1 - \frac{A_1 - A_2}{A_0}) \times 100\% \tag{7-1}$$

式中　A_0——2 mL DPPH 溶液和 2 mL 70%乙醇的吸光值;

A_1——2 mL DPPH 溶液和 2 mL 样品液的吸光值;

A_2——2 mL 70%乙醇+2 mL 样品溶液的吸光值。

7. ABTS 自由基清除能力的测定

将 7 mmol/L ABTS 溶液与 2.45 mmol/L 过硫酸钾混合反应并静置于暗处 12~16 h 以制备 ABTS 溶液,用蒸馏水将 ABTS 溶液稀释直至其在波长 734 nm 处吸光度为 0.7。取 25 μL 不同时间点的样品液,加入 2 mL ABTS 溶液,避光静置 6 min 后测量其在波长 734 nm 处的吸光度 A_i。用蒸馏水代替 ABTS 测得吸光度为 A_j,用蒸馏水代替样品测得吸光度为 A_0,总抗氧化能力测定清除率按下式计算

$$DPPH 清除率(\%) = \frac{A_{blank} - A_{sample}}{A_{blank}} \times 100\% \tag{7-2}$$

8. 还原力的测定

参照 Ahmadi 等的方法,稍做修改。取 1 mL 样品液,加入 1 mL 0.2 mol/L 的磷酸缓冲液(pH= 6.6)和 1 mL 1 %的铁氰化钾[$K_3Fe(CN)_6$]溶液,混匀后 50 ℃条件水浴 20 min,加入 1 mL 10%的三氯乙酸(TCA)溶液,混匀后 10 000 r/min 离心 10 min。取 1 mL 上清液,加入 1 mL 去离子水和 0.2 mL 0.1%的 $FeCl_3$ 溶液,混匀后 50 ℃水浴 10 min,在 700 nm 波长处测定其吸光度。用去离子水代替样品作为空白对照。

9.羟基自由基清除能力的测定

参考张康逸等的方法采用 Fenton 反应体系模型进行测定。结果以羟基自由基清除百分比(%)表示。见式(7-3)

$$羟基自由基清除率(\%) = (1 - \frac{A_1 - A_2}{A_0}) \times 100\% \tag{7-3}$$

式中　A_1——样品组;

A_2——不加显色剂 H_2O_2;

A_0——空白对照吸光值。

(二)结果与分析

1.青麦仁饼干中总酚含量的测定

如图 7-11 所示,是以没食子酸标准溶液的浓度为横坐标,吸光度值为纵坐标绘制的工作曲线,用来测定总酚含量。

由图7-12可知,模拟胃消化和模拟肠消化后青麦仁饼干中的总酚含量与未处理青麦仁饼干中的总酚含量相比显著上升($p<0.05$)。原因可能为:①胃蛋白酶水解蛋白质,使与蛋白质共价或非共价结合的多酚释放出来;②胰蛋白酶水解了多酚与细胞内外的蛋白质或多糖形成的酯键,释放出结合多酚。

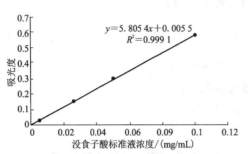

图7-11　总酚测定标准曲线

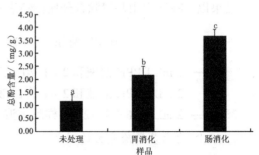

图7-12　体外模拟胃肠消化对总酚含量的影响
注:不同字母表示数值存在显著性差异($p<0.05$)

2.青麦仁饼干中维生素C的测定

从图7-13可知,经胃消化后的青麦仁饼干中维生素C含量与未处理的饼干中维生素C含量不存在显著性差异($p>0.05$),经肠消化后的饼干中维生素C含量与未处理的饼干存在显著性差异($p<0.05$)。经胃消化后维生素C含量有少量损失,与未处理样品不存在显著性差异,这是因为维生素C在酸性条件下稳定,所以胃消化阶段的pH对维生素C稳定性影响较小。进入肠液之后,维生素C含量显著下降,表明维生素C在肠消化阶段被吸收转化利用。

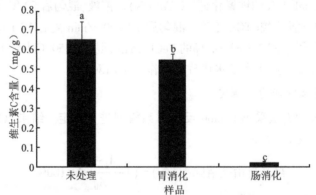

图7-13　体外模拟胃肠消化对维生素C含量的影响
注:不同字母表示数值存在显著性差异($p<0.05$)

3.抗氧化性的测定

从图7-14可知,与未处理的青麦仁饼干相比,模拟胃液消化后的饼干DPPH清除率和还原力显著增加($p<0.05$),ABTS清除率和羟基自由基清除率显著降低($p<0.05$);模拟肠道消化后的饼干DPPH清除率、ABTS清除率、还原力和羟基自由基清除率均显著增加($p<0.05$)。与经胃液消化后的饼干相比,模拟肠道消化的饼干DPPH清除率、ABTS清除

率和羟基自由基清除率显著增加($p<0.05$),而还原力显著降低($p<0.05$)。这表明经胃肠消化后,青麦仁饼干的抗氧化能力显著提高。

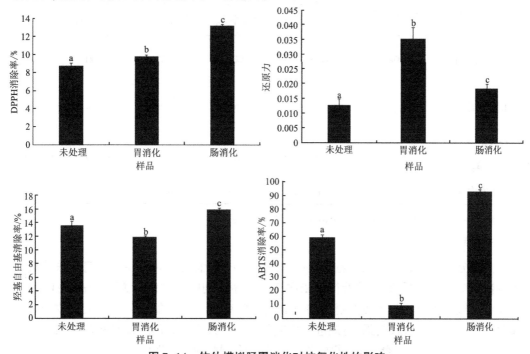

图7-14　体外模拟肠胃消化对抗氧化性的影响

注:不同字母表示数值存在显著性差异($p<0.05$)

4.相关性分析

表7-16充分显示了各指标之间的相关性。总酚含量与抗氧化性包括 DPPH 清除率、ABTS 清除率、羟基自由基清除率和还原力呈正相关,其中与 DPPH 清除率呈极显著正相关($p<0.01$),与 ABTS 清除率和羟基自由基清除率呈显著正相关($p<0.05$),与维生素 C 含量呈极显著负相关($p<0.01$);维生素 C 含量与抗氧化性包括 ABTS 清除率、DPPH 清除率、羟基自由基清除率和还原力呈负相关,其中与 DPPH 清除率、ABTS 清除率和羟基自由基清除率呈极显著负相关($p<0.01$);DPPH 清除率与 ABTS 清除率呈显著正相关($p<0.05$),与羟基自由基清除率呈极显著正相关($p<0.01$);ABTS 清除率与羟基自由基清除率呈极显著正相关($p<0.01$);还原力与 DPPH 清除率、ABTS 清除率、羟基自由基清除率呈负相关,其中与羟基自由基清除率呈显著负相关($p<0.05$),与 ABTS 清除率呈极显著负相关($p<0.01$)。

表7-16　各指标间相关性分析

相关系数	总酚含量 X_1	维生素 C 含量 X_2	DPPH 清除率 X_3	ABTS 清除率 X_4	羟基自由基清除率 X_5	还原力 X_6
总酚含量 X_1	1.000	−0.965	0.982	0.505	0.671	0.128
维生素 C 含量 X_2	−0.965**	1.000	−0.997	0.712	−0.841	0.135

续表 7-16

相关系数	总酚含量 X_1	维生素 C 含量 X_2	DPPH 清除率 X_3	ABTS 清除率 X_4	羟基自由基清除率 X_5	还原力 X_6
DPPH 清除率 X_3	0.982**	-0.997**	1.000	0.659	0.800	-0.062
ABTS 清除率 X_4	0.505*	-0.712**	0.659*	1.000	0.979	-0.791
羟基自由基清除率 X_5	0.671*	-0.841**	0.800**	0.979**	1.000	-0.649
还原力 X_6	0.128	-0.135	-0.062	-0.791**	-0.649*	1.000

注：* 在 0.05 水平上显著相关；** 在 0.01 水平上极显著相关。

5.主成分分析

主成分分析是利用降维思想，将研究对象的多个指标在尽可能少的信息损失中转化为少数几个综合指标，并按照特征值依次递减顺序排列的一种统计方法。表 7-17 显示了体外模拟胃肠消化前后活性物质和抗氧化性的变化。为更加充分反映活性物质和抗氧化性作用在某一阶段更强，对此进行主成分分析。标准化处理的数据见表 7-18。

表 7-17　模拟胃肠消化前后活性物质和抗氧化性

样品	总酚含量 X_1	维生素 C 含量 X_2	DPPH 清除率 X_3	ABTS 清除率 X_4	羟基自由基清除率 X_5	还原力 X_6
未处理	1.164 7±0.242 0	0.650 0±0.090 5	8.743 3±0.265 8	59.166 7±2.445 5	13.496 7±0.620 7	0.012 7±0.002 1
胃消化	2.165±0.334 6	0.552 3±0.026 0	9.746 7±0.157 0	9.930 0±1.512 5	11.840 0±0.175 2	0.035 0±0.004 0
肠消化	3.665 7±0.245 4	0.021 0±0.007 0	13.170 0±0.141 1	92.666 7±1.900 1	15.826 7±0.221 3	0.018 3±0.001 5

表 7-18　标准化处理后的数据

样品	总酚含量 X_1	维生素 C 含量 X_2	DPPH 清除率 X_3	ABTS 清除率 X_4	羟基自由基清除率 X_5	还原力 X_6
未处理	-0.927 14	0.715 62	-0.779 86	0.126 04	-0.112 06	-0.801 63
胃消化	-0.132 51	0.426 99	-0.347 54	-1.057 05	-0.939 25	1.120 56
肠消化	1.059 65	-1.142 61	1.127 40	0.931 00	1.051 31	-0.318 93

由表 7-19 可知，表中 2 个成分的贡献率分别为 73.148% 和 26.852%，累计贡献率达 100%。按照方差的累计贡献率 85% 的原则，选取两个主成分。由表 7-20 可知，第一成分中总酚含量、维生素 C 含量和 DPPH 清除率的成分得分的绝对值均大于 0.7，故第一

主成分承载了总酚含量、维生素 C 含量和 DPPH 清除率这 3 个指标,同理,第二主成分反映 ABTS 清除率、羟基自由基清除率和还原力 3 个成分的信息。

表 7-19　主成分特征值及累计贡献率

成分	特征值	方差的贡献率	累积贡献率
1	4.389	73.148	73.148
2	1.611	26.852	100.000

表 7-20　旋转后的成分矩阵

因子	成分	
	1	2
总酚含量 X_1	1.000	0.002
维生素 C 含量 X_2	−0.965	−0.263
DPPH 清除率 X_3	0.981	0.192
ABTS 清除率 X_4	0.503	0.864
羟基自由基清除率 X_5	0.669	0.743
还原力 X_6	0.131	−0.991

表 7-21　主成分特征向量

因子	T_1	T_2
总酚含量 X_1	0.477 3	0.001 6
维生素 C 含量 X_2	−0.460 6	−0.207 2
DPPH 清除率 X_3	0.468 3	0.151 3
ABTS 清除率 X_4	0.240 1	0.680 7
羟基自由基清除率 X_5	0.319 3	0.585 4
还原力 X_6	0.062 5	−0.780 8

根据表 7-21 可以得出每个主成分的得分表达式:

$$Y_1 = 0.477\ 3X_1 - 0.460\ 6X_2 + 0.468\ 3X_3 + 0.240\ 1X_4 + 0.319\ 3X_5 + 0.062\ 5X_6$$
$$Y_2 = 0.001\ 6X_1 - 0.207\ 2X_2 + 0.151\ 3X_3 + 0.680\ 7X_4 + 0.585\ 4X_5 - 0.780\ 8X_6$$

利用每个主成分方差贡献率占总方差贡献率的百分比作为权重见表 7-21,然后与各主成分得分加权求和,得到综合得分,见表 7-22。通过计算各个阶段综合得分,最终可以确定某一阶段青麦仁饼干中活性成分和抗氧化性综合性能较强。

表7-22　不同阶段青麦仁饼干活性成分和抗氧化性综合得分及排序

处理方式	Y_1	Y_2	Z	综合得分排序
未处理	-1.193 0	0.378 4	-0.771 0	2
胃消化	-0.906 3	-2.285 6	-1.276 7	3
肠消化	2.099 3	1.907 2	2.047 7	1

由表7-22可知,经肠消化后的样品综合得分排名第一,未处理的样品综合得分排名第二,经胃液消化后的样品综合得分排名第三。因此,与未处理的样品相比,经胃液消化后,青麦仁饼干中的活性物质和抗氧化性综合性能下降;青麦仁饼干的抗氧化性主要体现在肠液消化阶段。

(三)结论

模拟胃液和肠液消化后,青麦仁饼干活性成分含量和抗氧化作用发生变化。与未消化的青麦仁饼干相比,经胃液消化后饼干中的维生素C含量、ABTS清除率和羟基自由基清除率显著降低,总酚含量、DPPH清除率和还原力显著增加;经肠液消化后饼干中的维生素C含量显著降低,总酚含量、DPPH清除率、ABTS清除率、还原力和羟基自由基清除率显著增加。与经胃消化后的样品相比,模拟肠道消化的饼干维生素C含量没有显著性差异,除还原力显著降低外,总酚含量、DPPH清除率、ABTS清除率和羟基自由基清除率均显著增加。这表明,经模拟胃液和肠液消化后,青麦仁饼干中的总酚含量上升,维生素C含量下降,而经过胃液消化后青麦仁饼干中活性物质的抗氧化能力不及肠液消化处理,同时经过主成分分析表明青麦仁饼干的抗氧化性主要体现在肠液消化阶段。

本实验通过测定消化前后总酚含量、维生素C含量、DPPH清除率、ABTS清除率、羟基自由基清除率和还原力得出经肠液消化后青麦仁饼干中的活性成分和抗氧化性综合性能最强,为青麦仁在饼干中的加工应用提供了一定的理论依据。

第三节　青麦仁月饼的制作工艺

月饼是使用面粉等谷物粉、油、糖或不加糖调制成皮,包裹各种馅料,经加工而成的食品。月饼又称月团、小饼、丰收饼、团圆饼等,是中秋节的时节食品。中秋节吃月饼和赏月是中国南北各地中秋节的习俗。月饼象征着大团圆,人们把它当作节日食品,用它祭月、赠送亲友。我国传统意义上的月饼按照产地、销量和特色分为广式月饼、京式月饼、苏式月饼和潮式月饼。月饼作为我国传统食品,味道鲜美,但随着人们健康意识的提高,健康时尚、营养美味的月饼成为新产品开发的方向。以杂粮为原料加工的一些低糖、低脂的月饼因相对健康,受到消费者的欢迎。

目前市场上的杂粮月饼以燕麦、荞麦、苦荞、小米等为主要原料,配料也选用木糖醇作为甜味剂,生产的产品低糖而不油腻,营养全面而均衡。近年来,每逢中秋节各地月饼市场上的杂粮月饼成为销售的热点,如老榆林的杂粮月饼。它在面皮中添加了小香米面,搭配融合了绿豆、荞麦、燕麦、黑豆、小玉米等杂粮馅料成分,加工过程中以低糖、低脂为原则,使用木糖醇和胡麻油为辅料而制成。此类杂粮月饼口感略微粗糙,但不油腻、有嚼头、味道鲜美,深受广大消费者喜爱。下面以广式月饼为例介绍一种青麦仁月饼的加工工艺。青麦仁月饼如图7-15所示。

图7-15　青麦仁月饼

一、主要原料

1.饼皮原料

青麦仁粉100 g,低筋面粉800 g,高筋面粉100 g,糖浆800 g,植物油300 g,盐5 g,月饼酵素10 g,吉士粉30 g,牛奶香粉8 g。

2.馅料原料

五仁(核桃仁、杏仁、橄榄仁、瓜子仁、花生仁)≥20%、青麦仁8%、麦芽糖醇≥10%、淀粉等。

豆沙或枣泥≥90%,青麦仁8%。

二、工艺流程

1.工艺流程

配料→拌料→醒发→成型→烘烤→冷却→刷蛋液→烘烤→冷却→包装

2.操作要点

(1)配料　广式月饼最明显的特点是饼皮由糖浆面团制成,糖浆面团含油量少,主要是用面粉和特制的糖浆调和而成的。调制面团时不加水,主要借助高浓度的糖浆揉成团,达到限制面筋生成量,从而使面团既具有一定的韧性,又具有良好的可塑性。调制面团时,除了通过用糖浆限制面粉蛋白质水化生成面筋外,还需借助饴糖或转化糖防干保潮、吸湿回润的特点,使月饼饼皮松软滋润,还可阻止馅芯的水分和油脂大量向外渗透。由于糖浆在饼皮中的重要作用,熬制糖浆非常重要,也可选用市面上出售的糖浆。

熬制糖浆的原料是砂糖、柠檬片、柠檬酸、菠萝肉和清水。熬制时先用大火将水烧开,一边搅拌一边倒入砂糖,使糖完全熔化,以免沉入锅底糊锅。熔好糖以后改成小火,然后加入柠檬片、柠檬酸、菠萝肉,熬制2 h,能够拉起糖丝即可出锅保存。保存在干净的容器中,冷却后密封保存2周以上便可使用。熬制糖浆应注意以下几点:①在白砂糖溶液中加入柠檬酸等原料,是为了使白糖转化成葡萄糖和果糖,而果糖在95 ℃时就会发生焦糖化,所以熬糖时温度不能过高,时间不能过长。糖液熬好后还要存放 2 周,目的是让其充分转化,这样制作的面团柔软,可塑性好。②熬糖时,一定要掌握好糖浆的浓稠度。糖浆若熬得过稀,制成的饼皮在烘烤时难以上色,而且还会收缩,从而影响月饼的外形;如果糖浆熬得太浓,烘烤出来的月饼饼皮则会膨胀,使月饼表面花纹不清、产生裂纹,甚至皮馅分离。通常厨师会靠经验判断熬糖火候,为了更准确地掌握熬制火候,可以用温度计和糖度计测量糖液的温度和浓度,如果糖浆温度在 114~116 ℃、糖浓度在 78%~83%,便说明糖浆已经熬好了。糖浆熬好冷却 2 周就可以制作月饼了。

(2)调制面团 将青麦仁粉、低筋面粉、高筋面粉、吉士粉、牛奶香粉等一起过筛,然后倒入和面机中,加入糖浆、植物油调制成糖浆面团,注意制作时不加水。糖浆制作的面团好处是既可以限制面筋的生成量,又能保证面团具有一定的延展性和可塑性。和好的面团在醒发箱中醒发,控制温度在 18~20 ℃。

(3)做法

1)把油、糖浆、碱水及盐放容器中,微波炉加热几十秒,至糖浆变稀。筛入面粉,用橡皮刀拌匀,做成的月饼皮像耳垂般柔软就对了。覆盖保鲜膜,室温下放置 4 h 以上。

2)咸蛋黄在酒里泡 10 min 去腥,然后把蛋黄放烤盘中,不用预热烤箱直接烤,325 °F 烤 7 min。取出待凉。

3)分割月饼皮:如果做大月饼,把月饼皮分成 8 份,每份 40 g;如果做小月饼,每份 15 g,共 20 份。

4)分割月饼馅:如果做大月饼,把月饼馅分成 8 份,每份 110 g,分别包好蛋黄搓圆;如果做小月饼,每份 30 g,共 20 份,分别包半个蛋黄,搓圆。

5)包月饼:手掌放一份月饼皮,两手压平,上面放一份月饼馅。一只手轻推月饼馅,另一只手的手掌轻推月饼皮,使月饼皮慢慢展开,直到把月饼馅全部包住为止。这个技巧很重要,可以保证月饼烤好后皮馅不分离。月饼模型中撒入少许干面粉,摇匀,把多余的面粉倒出。包好的月饼表皮也轻轻地抹一层干面粉,把月饼球放入模型中,轻轻压平,力量要均匀。然后上下左右都敲一下,就可以轻松脱模了。依次做完所有的月饼。

6)烤箱预热至 35°F。在月饼表面轻轻喷一层水,放入烤箱最上层烤 5 min。取出刷蛋黄液,同时把烤箱调低至 30°F。再把月饼放入烤箱烤 7 min,取出再刷一次蛋黄液,再烤 5 min,或到自己喜欢的颜色为止。最后一次进烤箱时,可以只用上火,上色更快。刷蛋液可增加饼皮表面光泽。蛋液要稠度适当,能拉开刷子,薄薄的刷上两层,过厚会造成烘烤时着色过深,还会影响花纹的清晰度。

7)把烤好的月饼取出,放在架子上完全冷却,然后放入密封容器放 2~3 天,使其回油,即可食用。

第八章 青麦仁休闲类制品的制作工艺

第一节 青麦仁肠的制作工艺

随着社会的发展,肉类加工的创新形式层出不穷,生产技术和水平都在不断攀升,产品的层次结构、立体性也越来越强,肉类食品已成了人们生活中必不可少的组成部分,特别是低温肉制品。而低温香肠正是其中一类,由于其色泽明亮、食用方便以及最大限度地保持了肌肉的基本结构、营养成分和风味而深受人们青睐。但由于传统香肠脂肪含量较高、营养元素损失较多等问题,导致其市场应用存在较大局限性。青麦仁富含膳食纤维,膳食纤维是健康饮食不可缺少的组成成分,其具有减少胆固醇吸收、降低结肠癌发病概率、促进肠道蠕动等优点。将膳食纤维添加到香肠制品中,既能改善香肠的感官品质,又能增加香肠本身的营养组分,可增强食品的保健功能。青麦仁肠见图8-1。

图8-1 青麦仁肠

一、主要原料

肉,青麦仁,食盐,五香粉,味精,胡椒粉,淀粉,糖,小苏打,复合磷酸盐,亚硝酸钠,D-异抗坏血酸钠,山梨酸钾。

二、配方和工艺

1.配方

肉1 kg,食盐2.5%,复合磷酸盐(焦磷酸钠∶六偏磷酸钠∶三聚磷酸钠=2∶2∶1)0.438%,D-异抗坏血酸钠0.109%,亚硝酸钠0.012%,山梨酸钾0.12%,胡椒粉0.15%,味精0.13%,五香粉0.21%,淀粉8.77%,糖3%,青麦仁12%,冰水13%。

137

2.加工工艺

青豆→预处理→预煮→晾干

↓

冻鸡胸肉→解冻→绞碎→腌制→制馅→灌制→烘烤→蒸煮→冷却晾干

三、质量标准

1.感官质量要求

青麦仁肠的感官评定标准见表8-1。

表 8-1　青麦仁肠的感官评定标准

项目	满分	评分标准
形态	30分	肠体均匀、完整、饱满,无损伤,表面干净、完好,结扎牢固,密封完好,肠衣结扎部位无内容物渗出
色泽	20分	具有产品固有色泽
风味	20分	咸淡适中,鲜香可口,具有产品固有风味,无异味
组织结构	30分	组织致密,有弹性,切片良好,无软及其他杂质,无密集气孔

2.理化指标及卫生指标

青麦肠理化指标及卫生指标参照《火腿肠》(GBT 20712—2006)。

四、生产加工过程的技术要求

(1)前处理　肉剔除筋膜、脂肪、血块等,将其切成适当大小并匀速通过绞肉机。

(2)腌制　将青麦仁用料水煮制 40~60 min;将食盐、亚硝酸钠、复合磷酸盐、抗坏血酸钠、山梨酸钾混合均匀后,涂抹于肉表面并适当翻转,确保腌制料涂抹均匀。装盘在 4 ℃条件下腌制 24 h。

(3)拌制　将腌制完全的肉与配料混合均匀,并在拌制过程中不断加入冰水,以控制肉馅温度,防止细菌滋生,拌制时以顺时针方向搅动肉馅。

(4)灌制　肠衣在使用前,添加适量小苏打浸泡 24 h,至肠衣表面呈现白色即可使用。灌制过程中随时检查肠衣情况,保持匀速灌制,以免肠衣受力不均而破裂,同时防止气泡出现,避免局部过紧或过松(以两指按压弹性适度为宜)。

(5)烘烤　烘烤前,在其表面使用细牙签扎出肉眼可见小孔,烘烤温度控制在 80~85 ℃,保持香肠中心温度在 75 ℃以上,并在烘烤的过程中不时翻动肠体,使其受热均匀,烘烤时间约 1 h,直至香肠表面干燥,肠体紧致,并伴有肠衣烤制风味。

(6)蒸煮　水烧开后将香肠置于箅子上,放入锅内,进行蒸煮,蒸煮 30 min,选择通风良好处晾干后保藏。

第二节　青麦仁糕的制作工艺

青麦仁糕属于谷物糕点,是以青麦仁粉和绿豆粉为主要原料,通过发酵、蒸制而成的一种新型糕点。青麦是我国的传统食物,具有独特的"青麦"风味。青麦是处于乳熟末期的小麦粒,属于全谷物食品。青麦含有较低的淀粉含量,同时富含膳食纤维、抗性淀粉、叶绿素、维生素等营养成分,与小麦相比,有利于人体消化,控制血糖,属于低糖食物。绿豆也是我国的主要粮食作物之一,营养丰富,具有补中益气、健脾养胃等功效。

本节介绍了一种青麦仁糕的制作工艺,为青麦和绿豆的深加工开辟了新途径,也为青麦仁糕的工业化生产提供理论参考。青麦仁糕如图8-2所示。

 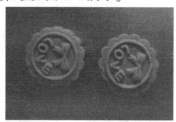

图8-2　青麦仁糕

一、主要原料

青麦粉,绿豆粉,水,酵母,白糖。

二、配方和工艺

1.配方

青麦粉 85 g,绿豆粉 15 g,水 55 g,白糖 20 g,酵母 1 g,发酵时间 30 min,蒸制时间12.5 min。

2.加工工艺

青麦粉、绿豆粉混合→加水、酵母和白糖和成面团→模具成型→醒发→蒸制→冷却

三、质量标准

1.感官质量要求

青麦仁糕的感官评定标准如表8-2所示。

表8-2　青麦仁糕的感官评定标准

序号	评价因素	分数	评分标准
1	外观	20分	外观平整,质地均匀,边界整齐 15~20 分;外观较平整,质地较均匀,边界比较整齐 8~14 分;外观不平整,质地粗糙,边界不整齐 1~7 分
2	颜色	15分	有良好麦青色,富有光泽 11~15 分;有麦青色但不明显,有一定的光泽 6~10 分;颜色灰暗,无光泽 1~5 分
3	硬度	10分	软糯适中 6~10 分;稍硬或太软成型较差 1~5 分
4	黏性	10分	咀嚼过程中不粘牙,爽口 6~10 分;粘牙,不爽口 1~5 分
5	适口性	20分	内部均匀,口感细腻,适口性较好 15~20 分;内部基本均匀,口感较细腻,适口性一般 8~14 分;有颗粒,口感粗糙,适口性较差 1~7 分
6	气味	15分	淡淡的青麦香味,无异味 11~15 分;青麦气味较淡 6~10 分;无青麦香味 1~5 分
7	内部组织	10分	组织细密,无孔,无疙瘩,均匀 6~10 分;不细密,有孔,有疙瘩,不均匀 1~5 分

2.理化指标及卫生指标

青麦糕点理化指标及卫生指标参考《糕点通则》(GB/T 20977—2007)。

四、生产加工过程的技术要求

(1)拌粉 将青麦清洗干净,真空冷冻干燥后打粉,过100目筛;同时脱皮绿豆打粉,过100目筛。将两者按7:3的比例混合。将混合粉倒入和面机,同时将糖粉放入和面机里。

(2)成型 加入15%糖粉和42%的水,和面机和面9 min,用模具成型(一个25 g左右)。

(3)蒸制 将蒸锅里的水烧开,放入笼子,铺上蒸布,放上成型的青麦糕,蒸制7.5 min。

(4)包装 冷却后包装。

第三节 青麦糯米糕的制作工艺

青麦糯米糕属于谷物糕点,是以青麦粉和糯米粉为主要原料,通过发酵、蒸制而成的一种新型糕点。本节介绍了一种青麦糯米糕的制作工艺,可为青麦糯米糕的工业化生产提供理论参考。

一、主要原料

青麦粉,糯米粉,酵母,白糖。

二、工艺流程

过筛青麦粉、糯米粉、酵母、白糖→混合→加水和成面团→模具成型→醒发→蒸制→冷却→包装

三、质量标准

1.感官质量要求

青麦仁糕的感官评定标准见表8-2。

2.理化指标及卫生指标

理化指标及卫生指标参照《糕点通则》(GB/T 20977—2007)。

四、生产加工过程的技术要求

(1)青麦粉过100目筛,筛成细粉。

(2)加水量根据不同粉的配比进行控制,白糖添加量为20%,酵母添加量为1%。

(3)醒发温度为35 ℃,时间为30~40 min。

(4)蒸制时间控制在15 min以内。

五、青麦糯米糕的工艺优化

通过单因素优化和正交试验,优化制作青麦糯米糕的最佳工艺,为青麦和糯米的深加工开辟新途径,以期开发一种新型健康糕点,为消费者提供营养保障。同时为青麦糯米糕的工业化生产提供理论参考。

(一)实验方法

1.不同青麦粉添加量对青麦糯米糕的影响

以 100 g 青麦粉为基数,分别用 5 g、10 g、15 g、20 g 和 25 g 的糯米粉替换等量的青麦粉,添加 55 g 水,20 g 白糖,1 g 酵母,在 35 ℃条件下发酵 30 min,蒸制 10 min,通过感官评价,确定青麦糯米糕中青麦粉的最佳添加量。

2.不同加水量对青麦糯米糕的影响

以 85 g 青麦粉为主要原料,添加 15 g 绿豆粉、20 g 白糖和 1 g 酵母,再分别添加 50%、52.5%、55%、57.5%、60%的水,35 ℃条件下发酵 30 min,蒸制 10 min,通过感官评价,确定青麦糯米糕水的最佳添加量。

3.不同白糖添加量对青麦糯米糕的影响

以 85 g 青麦粉为主要原料,添加 15 g 绿豆粉、55 g 水和 1 g 酵母,再分别添加 15%、17.5%、20%、22.5%、25%的白糖,35 ℃条件下发酵 30 min,蒸制 10 min,通过感官评价,确定青麦糯米蒸糕白糖的最佳添加量。

4.不同酵母添加量对青麦糯米糕的影响

以 85 g 青麦粉为主要原料,添加 15 g 绿豆粉、55 g 水和 20 g 白糖,再分别添加 0.6%、0.8%、1%、1.2%、1.4%的酵母,35 ℃条件下发酵 30 min,蒸制 10 min,通过感官评价,确定青麦糯米蒸糕酵母的最佳添加量。

5.不同发酵时间对青麦糯米糕的影响

以 85 g 青麦粉为主要原料,添加 15 g 绿豆粉、55 g 水、20 g 白糖和 1%的酵母,35 ℃条件下分别发酵 20 min、25 min、30 min、35 min、40 min,蒸制 10 min,通过感官评价,确定青麦糯米糕最佳的发酵时间。

6.不同蒸制时间对青麦糯米糕的影响

以 85 g 青麦粉为主要原料,添加 15 g 绿豆粉、55 g 水、20 g 白糖和 1%的酵母,35 ℃条件下发酵 30 min,分别蒸制 5 min、7.5 min、10 min、12.5 min、15 min,通过感官评价,确定青麦糯米糕最佳的蒸制时间。

(二)正交试验设计

正交试验因素水平表见表 8-3。

表 8-3　正交试验因素水平表

水平	因素				
	A	B	C	D	E
	水添加量	白糖添加量	酵母添加量	发酵时间/min	蒸制时间/min
1	52.5%	17.5%	0.8%	25	7.5
2	55.0%	20.0%	1.0%	30	10
3	57.5%	22.5%	1.2%	35	12.5

在单因素试验优化的基础上,设计正交试验,分别选取 3 个水平进行 $L18(3^5)$ 的正交试验,以感官评分为评价指标,确定青麦糯米糕的最佳工艺。

(三)感官评价标准

邀请 10 名专业人员通过感官评价表对青麦糯米糕进行感官评分。青麦糯米蒸糕的感官评价标准通过相关感官评价的文献和青麦糯米糕本身的特点来制定。

(四)结果与分析

1.单因素试验结果与分析

(1)不同青麦粉添加量对青麦糯米糕感官品质的影响　由图 8-3 可知,随着青麦粉添加量的增加,青麦糯米糕的感官评分呈先上升后下降的趋势。当添加大量的青麦粉时,由于青麦中的淀粉和醇溶蛋白含量较低,难以形成面筋网络结构,虽然青麦糯米糕颜色青绿但发酵后成型不好。而青麦含量较低时,青麦糯米糕没有较好的麦青色。当青麦粉添加量为 85 g 时,青麦糯米糕感官评分最高,黏弹性良好,口感松软,既有良好的麦青色,又有青麦和糯米的清香。因此,选取青麦粉添加量为 80 g、85 g、90 g 进行正交试验。

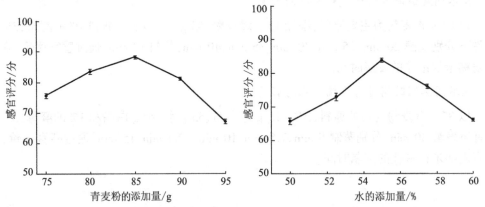

图 8-3　不同青麦粉添加量和不同加水量对青麦糯米糕感官品质的影响

(2)不同加水量对青麦糯米糕感官品质的影响　由图 8-3 可知,随着加水量的增加,青麦糯米糕的感官评分先快速上升再下降。当加水量为 55% 时,青麦糯米糕的感官评分最高,此时成品色泽青绿、发酵适中,弹性较好,内部组织和气孔均匀,口感松软,风味良好。当加水量过少时,成品硬度较大;而当加水量过多时,成品黏度过大,口感不佳,易塌架。因此,选取加水量为 52.5%、55%、57.5% 进行正交试验。

(3)不同白糖添加量对青麦糯米糕感官品质的影响　白糖作为一种甜味添加剂,可以增加糕点的甜度,改善风味和口感,同时,白糖还可以增强制品的持水性,促进酵母菌的生长繁殖。由图 8-4 可得,随着白糖添加量的增加,青麦糯米糕的感官评分先上升再下降。当白糖添加量较低时,青麦糯米糕甜度较低,口感不好;当添加量为 20% 时,其感官评分最高,此时的成品既能保持青麦和糯米的口感,又甜而不腻,且发酵程度适中;当继续增加白糖添加量时,此时甜味过重,导致口感甜腻,并破坏面筋的网络结构。因此,选取白糖添加量为 17.5%、20%、22.5% 进行正交试验。

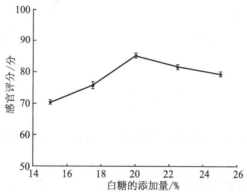

图 8-4　不同白糖添加量对青麦糯米糕感官品质的影响

(4)不同酵母添加量对青麦糯米糕感官品质的影响　由图 8-5 可知,随着酵母添加量的增加,青麦糯米糕的感官评分先增加后减小。当酵母添加量小于 1% 时,由于不能发酵完全,成品体积较小,内部组织不均匀;当酵母添加量大于 1% 时,成品过于松软,容易塌架,且内部气孔过大;当酵母添加量为 1% 时,此时蒸制的成品口感松软,内部组织均匀,大小适中。因此,选择酵母添加量为 0.8%、1.0%、1.2% 作为正交试验因素的 3 个水平。

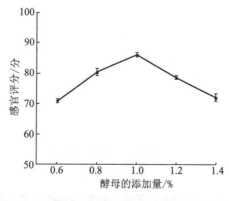

图 8-5　不同酵母添加量对青麦糯米糕感官品质的影响

(5)不同发酵时间对青麦糯米糕感官品质的影响　由图 8-6 可知,随着发酵时间的增加,青麦糯米糕的感官评分先增加后减小。当发酵时间低于 30 min 时,由于醒发时间过短,发酵程度不足;当发酵时间超过 30 min 后,发酵时间过长,成品过于松软,不易成型;当发酵时间为 30 min 时,此时蒸制的成品口感松软、香甜,感官评分最高。因此,选择发酵时间为 25 min、30 min、35 min 作为正交试验因素的 3 个水平。

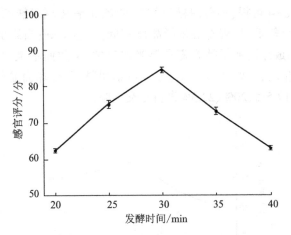

图 8-6 不同发酵时间对青麦糯米糕感官品质的影响

(6)不同蒸制时间对青麦糯米糕感官品质的影响 由图 8-7 可知,随着蒸制时间的增加,青麦糯米糕的感官评分先增加后减小。当蒸制 5 min 时,虽然青麦糯米糕已蒸熟,但由于蒸制时间过短,硬度较大;当蒸制时间超过 10 min 后,成品过于松软,口感不佳;当蒸制时间为 10 min 时,此时蒸制的成品口感松软、香甜,麦青色较好。因此,选择蒸制时间为 7.5 min、10 min、12.5 min 作为正交试验因素的 3 个水平。

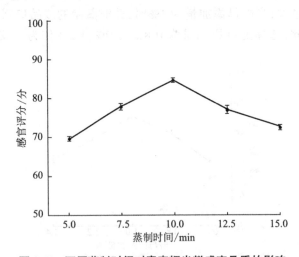

图 8-7 不同蒸制时间对青麦糯米糕感官品质的影响

2.正交试验结果与分析

正交试验的结果如表8-4所示,由 R 值可以看出,影响青麦糯米糕感官评价的因素顺序为 A>B>E>D>C,即水的添加量>白糖的添加量>蒸制时间>发酵时间>酵母添加量,水的添加量是主要影响因素。根据正交试验结果可得,最佳工艺理论上为A2B2C2D2E3,即青麦粉 85 g,糯米粉 15 g,水的添加量为 55%,白糖添加量为 20%,酵母添加量 1%,发酵时间 30 min,蒸制 12.5 min。此时制得的青麦糯米糕风味、口感、色泽最佳。

表8-4　正交试验结果分析

实验号	A	B	C	D	E	感官评分
1	1	1	1	1	1	85.8 分
2	1	2	2	2	2	87.1 分
3	1	3	3	3	3	86.0 分
4	2	1	1	2	2	89.9 分
5	2	2	2	3	3	92.9 分
6	2	3	3	1	1	86.9 分
7	3	1	2	1	3	89.4 分
8	3	2	3	2	1	88.9 分
9	3	3	1	3	2	87.0 分
10	1	1	3	3	2	85.7 分
11	1	2	1	1	3	86.7 分
12	1	3	2	2	1	85.3 分
13	2	1	2	3	1	86.7 分
14	2	2	3	1	2	88.5 分
15	2	3	1	2	3	87.9 分
16	3	1	3	2	3	90.4 分
17	3	2	1	3	1	89.2 分
18	3	3	2	1	2	87.7 分
K_1	86.10	87.98	87.75	87.50	87.13	
K_2	88.80	88.88	88.18	88.25	87.65	
K_3	88.78	86.80	87.73	87.92	88.88	
R	2.70	2.08	0.45	0.75	1.75	

3.试验验证

根据正交试验得到的最优工艺方案制作青麦糯米蒸糕,其感官评分为 94.1,且其感官评分高于正交试验中的任何一组,说明通过正交试验优化工艺参数较好,采用此工艺制得的青麦糯米蒸糕品质较好,有青麦独特的风味和糯米的清香。

(五)结论

本研究将青麦粉与糯米粉混合,经过发酵蒸制而成一种新型糕点——青麦糯米蒸糕。通过单因素试验和正交试验优化青麦糯米蒸糕的加工工艺可知,最佳工艺为A2B2C2D2E3,即青麦粉 85 g,绿豆粉 15 g,水的添加量为 55%,白糖添加量为 20%,酵母添加量为 1%,发酵时间 30 min,蒸制 12.5 min。此时制得的青麦糯米蒸糕感官评分最高,风味、色泽最佳,口感品质较好,有较高的营养价值。青麦糯米蒸糕的开发也为其他青麦制品的应用提供一定的技术参考。

第四节　青麦仁酥的制作工艺

米酥是一种易于制作、美味可口、深受大人小孩喜爱的零食,四季皆宜。青麦仁酥是以青麦仁、花生、芝麻为主要原料,添加到熬制好的糖液中,经凝固定型切制而成的一种酥制品,青麦仁酥包含了青麦仁的营养及香味,是一款味道可口,老少皆宜、营养丰富的新产品。青麦仁酥见图 8-8。

图 8-8　青麦仁酥

一、主要原料

青麦仁,花生,芝麻,白砂糖。

二、配方和工艺

1.配方

青麦仁 50 g,花生 40 g,芝麻 60 g,白砂糖 100 g。

2.加工工艺

冻干青麦仁、熟花生碎、熟芝麻、熬制糖稀→混合均匀→铺平→冷却→切块

三、质量标准

1.感官质量要求

青麦仁酥的感官评分标准见表 8-5。

表 8-5　青麦仁酥的感官评分标准

评价因素	特征描述	评分
色泽	主体色泽为碧绿色,点缀有花生和芝麻,颜色丰富	0~15 分
黏性	咀嚼爽口,不粘牙	0~20 分
口感	口感酥松,细腻	0~25 分
风味	呈现青麦的清香味,芝麻和花生独特的坚果味,无异味	0~20 分

2.理化指标及卫生指标

青麦仁酥理化指标及卫生指标符合《食品安全国家标准 膨化食品》(GB 17401—2014)。

四、生产加工过程的技术要求

(1)采用真空冷冻干燥技术将鲜食青麦仁进行冷冻干燥处理。
(2)冻干的青麦仁炒熟;花生炒熟,去皮,粉碎为大小均匀的颗粒;芝麻炒熟。
(3)熬制糖稀:称取白砂糖,将其熬制糖稀。
(4)混料:将步骤(2)中处理的原料与糖稀混合均匀。
(5)铺平:将混匀的物料放入模具中压实铺平。
(6)冷却:将压实的物料冷却。
(7)切块:将冷却的物料切块。

第五节　青麦仁代餐粉的制作工艺

青麦仁是乳熟末期熟的小麦粒,是一种鲜食谷物。色泽诱人,碧绿鲜亮,口感独特,富有嚼劲,有青涩新鲜的麦香味,并且含有丰富的蛋白质、膳食纤维、叶绿素和 α-淀粉酶、β-淀粉酶两种淀粉酶,多种营养成分高于成熟小麦,是一种绿色健康食品,其经济价值和市场前景广受各界的关注,具有良好的发展前景。然而青麦仁作为鲜食全谷物,含水量较高,不易保存,其感官及营养品质在储藏过程中会大大降低,丧失了最佳食用口感,而干制成粉后的谷物全粉则具有较长的保存期限。

通过调配作为即食谷物代餐粉冲调食用,具有良好的饱腹感,能够给人体提供一定能量,代餐粉是由一种或多种原辅料,按照一定的方法、比例混合调配而成的一类冲调粉剂产品,由于其食用方便快捷,适应人群较广,成为流行的营养代餐产品之一。目前市场上有单一原料的代餐粉,如蒋勇等开发的豆渣代餐粉,具有低能量、低钠盐、营养均衡的特点;也有多种复合原料的代餐粉,如藜麦南瓜复合粉,营养丰富,冲调性良好。复合代餐粉能够将原料各自的活性成分互相结合、取长补短,协同增效的作用远比单个营养素更加有利于人体健康。小米是中国北方人民的主要粮食之一,含有多种营养物质以及8种人体必需氨基酸。燕麦是一种低糖、高养分食品,可以有效地预防高血压、糖尿病、肥胖症等病症。以青麦仁为主料,同时与小米、燕麦进行复配,来提供更加全面的营养物质。

一、主要原料

青麦仁粉,小米粉,燕麦粉,木糖醇,CMC-Na,柠檬酸钠。

二、配方和工艺

1.配方
青麦仁粉50 g,小米粉30 g,燕麦粉20 g。
2.加工工艺
过筛后的青麦仁粉、熟化后的小米粉、燕麦粉、木糖醇、CMC-Na、柠檬酸钠→复配→

混合均匀→二次粉碎→混匀→包装

三、质量标准

1.感官质量要求

青麦仁复合代餐粉感官评分标准见表8-6。

表8-6 青麦仁复合代餐粉感官评分标准

项目	满分	评分标准	评分
组织状态	20分	粉末细腻无杂质,无结块,手捏不成团	15~20分
		无结块,稍有粗粒杂质,稍有粗糙感	10~15分
		稍有结块,有粗粒,手捏有粗糙感	15~10分
		吸湿有霉变,结块,手捏成团,有粗粒	10~5分
气味	20分	有谷物香味及青麦仁香气,无异味	15~20分
		有谷物香味及青麦仁香气,无异味	10~15分
		无谷物香味、过浓或过淡,无异味	15~10分
		有霉味、酸味或其他异味	10~5分
色泽	20分	颜色明亮,呈黄绿色,色泽浓淡适宜	15~20分
		颜色较亮,色泽均匀,稍浓或稍淡	10~15分
		色泽较均匀,过浓或过淡	5~10分
		色泽不均匀,颜色暗淡,无亮感	0~5分
口感	20分	无异味,口感香甜,口感细腻	15~20分
		无异味,微微香甜味,略有颗粒感	10~15分
		略有异味,口感粗糙	5~10分
		酸苦或有其他异味	0~5分
冲调性	20分	基本无结块,无分层,略搅拌后快速溶解	15~20分
		有少量结块,无分层,略搅拌后部分溶解	10~15分
		有较多结块,略有分层,略搅拌后部分溶解	5~10分
		不溶解,分层严重,有大量结块	10~5分

2.理化指标及卫生指标

理化指标及卫生指标符合《代餐粉》(T/DCF 001—2019)。

四、生产加工过程的技术要求

(1)前处理 对各种要用到的原材料进行处理:干燥、炒制、粉碎、灭菌、检测等。

(2)称量 根据研发配方,称取各种需要的原材料。

(3)粉碎 超微粉碎,与前处理粉碎不同,粉碎的细度达到配方的要求。

（4）筛选　通过不同目的筛分成不同的等级，一般在 80~200 目。

（5）混料　用三维混料机将原料充分搅拌均匀。

（6）装袋　根据产品研发的要求，使用固定分量包装机包装成不同克数。

（7）质检　包装前进行质检。全检质量、封口严密度、分袋整齐美观度等。

（8）包装　将分装的小袋包装盒，装箱前再一次质检。抽检装量是否合格，各类说明书、标签是否规范。

五、青麦仁代餐粉的制作工艺分析

以感官评分、溶解度、分散性、润湿性及水合能力为考察指标，通过单因素和均匀设计实验，结合主成分分析及其他多元统计分析方式，对青麦仁复合代餐粉的配方进行优化，确定最佳工艺参数，为青麦仁相关产品的开发与推广提供理论依据和技术指导。

（一）实验方法

1.青麦仁复合代餐粉的制备工艺

（1）青麦仁粉的制备　将速冻青麦仁解冻后，清洗、除杂，沥干水分，100 ℃沸水中漂烫 2 min，漂烫完成后捞出冷水冲洗 3~5 次，沥水晾干，放入鼓风干燥箱中，在物料厚度为 2 mm、55 ℃条件下烘干 16 h，放入粉碎机中粉碎过筛。

（2）青麦仁复合代餐粉的制备　将过筛后的青麦仁粉与熟化后的小米粉、燕麦粉(质量比 3:2)按一定比例进行配比，同时添加木糖醇、CMC-Na 及柠檬酸钠进行复配，将复配完成的代餐粉进行二次粉碎，并放入混合机中混匀后包装。

2.青麦仁复合代餐粉的测定指标及方法

（1）感官评价　选 20 名有经验的评价员组成评价小组，参照评定标准表 8-6 进行评价。

（2）溶解度　精确称量样品 5 g，置于 50 mL 烧杯中，加入 30 mL 去离子水，置于磁力搅拌器搅拌 30 min。将溶液转移至 50 mL 容量瓶中，并用去离子水定容。取 15 mL 该溶液放入离心管中，3 000 r/min 离心 10 min，取上清液，转移至铝盒中，在水浴中加热 20 min，随后放入 105 ℃干燥箱中烘干至质量恒定。溶解度的计算公式如下

$$X = \left(1 - \frac{m_2 - m_1}{(1-B)\,m}\right) \times 100 \tag{8-1}$$

式中　X——试验溶解度，g/100 g；

　　　m——样品质量，g；

　　　m_1——称量皿质量，g；

　　　m_2——称量皿和不溶物干燥后质量，g；

　　　B——试样水分含量，%。

（3）分散性　在磁力搅拌器上放置盛有 50 mL 以及 50 ℃去离子水的烧杯，准确称量 1 g 青麦仁复合代餐粉，快速均匀散布于水中，记录粉体完全分散在水中所消耗的时间，即为分散时间。

（4）润湿性　在 250 mL 烧杯中加入 50 ℃的 200 mL 去离子水，准确称取 0.5 g 青麦

仁复合代餐粉均匀散布在水面上,准确记录粉体从加入至全部沉降所需时间。

(5)水合能力 称取 0.5 g 青麦仁代餐粉,加入离心管中,逐次少量地加水,并用玻璃棒搅拌均匀,使粉体完全溶解,3 000 r/min 离心 20 min,弃去上清液,称沉淀的质量。计算每克粉体吸收水分的质量,即为青麦仁代餐粉的水合能力,计算公式如下

$$水合能力 = \frac{(m_2+m_1)-(m_2+m)}{m} \tag{8-2}$$

式中　m——样品质量,g;

　　　m_1——沉淀质量,g;

　　　m_2——离心管质量,g。

3.青麦仁复合代餐粉配方优化的单因素试验

根据 GB 2760—2014《食品安全国家标准　食品添加剂使用标准》和具体实验操作确定青麦仁粉粒度、添加量及各添加剂添加量的取值范围:青麦仁粉粒度为 60 目、80 目、100 目、120 目、140 目;青麦仁粉添加量为 55%、60%、65%、70%、75%;木糖醇添加量为 4%、6%、8%、10%、12%;CMC-Na 添加量为 0.2%、0.4%、0.6%、0.8%、1.0%;柠檬酸钠添加量为 0.22%、0.24%、0.26%、0.28%、0.30%。设计单因素试验,考察不同配比对青麦仁代餐粉感官评分、溶解度、分散性、润湿性以及水合能力的影响。

4.均匀设计实验方案

在单因素的基础上,采用五因素十水平的均匀设计方案,以感官评分、溶解度、分散性、润湿性以及水合能力为考察指标进行试验。研究青麦仁粉添加量、青麦仁粉粒度、木糖醇添加量、CMC-Na 添加量以及柠檬酸钠添加量对各项指标的影响,并进行主成分分析,岭回归及最小偏二乘回归等多元统计分析。均匀设计试验因素水平 $U_{10}(10^5)$ 见表 8-7。根据主成分得分计算均匀设计各组试验产品综合得分 F_i

$$F_i=F_1×P_1+F_2×P_2+F_3×P_3+F_4×P_4+F_5×P_5 \tag{8-3}$$

式中　F_1,F_2,F_3,F_4,F_5——分别为主成分得分;

　　　P_1,P_2,P_3,P_4,P_5——分别为主成分贡献率,%。

表 8-7　均匀设计试验因素水平 $U_{10}(10^5)$

实验号	青麦仁粉添加量 X_1/%	青麦仁粉粒度 X_2/目	木糖醇添加量 X_3/%	CMC-Na 添加量 X_4/%	柠檬酸钠添加量 X_5/%
1	65	110	5.5	0.85	0.24
2	64	105	7.5	0.40	0.28
3	69	115	9.0	0.45	0.23
4	61	90	6.0	0.50	0.22
5	67	125	7.0	0.60	0.20
6	70	95	6.5	0.65	0.27
7	62	120	8.5	0.75	0.26
8	66	80	10.0	0.55	0.25
9	63	100	9.5	0.70	0.19
10	68	85	8.0	0.80	0.21

(二)结果与讨论

1.单因素实验结果

(1)青麦仁粉添加量对复合代餐粉冲调特性的影响　由表8-8可知,随着青麦仁粉添加量的增加,感官评分、溶解度、水合能力都呈现出增大的趋势,在添加量为70%时达到最大值,继而则呈现出减小的趋势。青麦仁淀粉含量较高,添加量过高影响冲调口感与品质,添加量为65%时分散性与润湿性达到最小值,分散与湿润速度较快。综合考虑,青麦仁粉添加量在70%以内较为适宜。

表8-8　青麦仁粉添加量对青麦仁复合代餐粉冲调特性的影响

青麦仁粉添加量	感官评分	溶解度/%	分散性/s	润湿性/s	水合能力/(mL/g)
55%	74.45±1.21	79.46±0.74	14.41±0.29	103.27±2.33	1.982 5±0.025 1
60%	80.03±1.57	80.47±0.38	15.89±1.21	99.11±0.88	2.008 0±0.056 5
65%	78.91±1.18	80.54±1.25	13.92±0.94	66.07±4.46	2.089 4±0.030 1
70%	81.19±1.87	81.79±0.57	15.70±0.37	90.40±2.96	2.500 4±0.137 1
75%	78.85±1.18	79.93±1.05	14.30±0.69	89.84±1.15	2.106 2±0.080 3

(2)青麦仁粉粒度对青麦仁复合代餐粉冲调特性的影响　由表8-9可知,复合代餐粉的感官评分、溶解度与水合能力在青麦仁粉粒度为120目时达到最大值。分散性与润湿性则分别在粒度为80目与100目时达到最小值。青麦仁粉粒度过大,料料粗糙,会使代餐粉冲调后颗粒感增强,但粉料粒度过细,则会使青麦仁中膳食纤维结构被破坏,导致总膳食纤维含量降低,同时代餐粉体膨胀力及锁水力变差。综合上述考察指标,青麦仁粉粒度为80~120目较为适宜。

表8-9　青麦仁粉粒度对青麦仁复合代餐粉冲调特性的影响

青麦仁粉粒度/目	感官评分	溶解度/%	分散性/s	润湿性/s	水合能力/(mL/g)
60	80.33±0.58	76.67±1.81	14.55±0.23	85.96±3.90	1.958 7±0.102 8
80	80.67±1.15	77.99±0.56	13.12±1.10	80.96±1.39	1.937 8±0.082 1
100	84.67±1.14	77.52±0.58	13.97±0.14	77.83±2.03	2.045 0±0.022 0
120	85.33±2.08	82.50±0.39	15.42±0.26	82.64±2.51	2.130 9±0.070 9
140	84.67±2.31	80.71±0.70	15.76±0.87	92.78±0.66	2.037 8±0.095 1

(3)木糖醇添加量对青麦仁复合代餐粉冲调特性的影响 由表8-10可知,随着木糖醇添加量的增加,代餐粉的分散性与润湿性不断减小,在添加量为10%时达到最小值,之后则开始增大;感官评分、溶解度与水合能力则随着添加量的增加呈现先增大后减小的趋势,分别在木糖醇添加量为6%、8%、8%时达到最大值。适宜的木糖醇添加量能够为代餐粉带来香甜的口感,而添加比例过高则口感过于甜腻。因此,木糖醇添加量为6%~10%时较为适宜。

表8-10 木糖醇添加量对青麦仁复合代餐粉冲调特性的影响

木糖醇添加量	感官评分	溶解度/%	分散性/s	润湿性/s	水合能力/(mL/g)
4%	80.75±0.66	76.42±0.34	18.50±0.41	82.78±1.63	2.060 6±0.018 6
6%	87.07±1.01	85.92±0.22	18.17±0.42	74.95±0.64	2.070 0±0.013 4
8%	81.00±1.73	90.65±0.08	15.86±0.10	73.16±2.83	2.244 0±0.047 6
10%	82.33±0.58	90.06±0.88	12.59±0.20	62.95±2.35	1.982 2±0.047 7
12%	81.42±0.52	85.09±0.80	13.65±0.16	79.86±1.02	1.864 3±0.028 8

(4)CMC-Na添加量对青麦仁复合代餐粉冲调特性的影响 CMC-Na作为增稠剂,可以使各种谷物粉在其胶液中均匀稳定的分散。但添加过多会使溶液黏度过大,添加过少则增稠作用不明显。由表8-11可知,随着CMC-Na添加量的增多,感官评分、溶解度与水合能力逐渐增大,但当添加量超过0.8%以后则呈现出减小的趋势;分散性与润湿性则分别在添加量为0.4%和0.6%时达到最小值。综上可知,CMC-Na添加量在0.4%~0.8%较为适宜。

表8-11 CMC-Na添加量对青麦仁复合代餐粉冲调特性的影响

CMC-Na添加量	感官评分	溶解度/%	分散性/s	润湿性/s	水合能力/(mL/g)
0.2%	79.84±0.36	79.99±0.77	12.78±0.48	64.54±0.44	1.709 5±0.014 8
0.4%	81.53±0.14	81.65±0.57	12.28±0.12	54.83±0.88	1.740 0±0.030 0
0.6%	84.33±0.58	89.43±0.40	13.33±0.18	47.95±0.74	1.886 8±0.032 0
0.8%	89.08±0.12	95.43±0.22	13.44±0.40	75.53±0.15	2.016 8±0.024 0
1.0%	88.05±0.09	90.67±0.34	14.78±0.16	92.49±1.51	1.967 0±0.022 7

(5)柠檬酸钠添加量对青麦仁复合代餐粉冲调特性的影响 由表8-12可知,随着柠檬酸钠添加量的增加,复合代餐粉的感官评分、溶解度和水合能力分别在添加量0.28%、

0.26%及0.28%时达到最大值;分散性与润湿性则在添加量为0.26%时达到最小值。柠檬酸钠作为酸味剂添加量不宜过多,加入过多会使产品偏酸,失去原有风味。综上所述,柠檬酸钠添加量在0.28%以内较为适宜。

表8-12　柠檬酸钠添加量对青麦仁复合代餐粉冲调特性的影响

柠檬酸钠 添加量	感官评分	溶解度/%	分散性/s	润湿性/s	水合能力/(mL/g)
0.22%	78.38±0.64	89.47±0.45	11.16±0.38	80.66±0.19	2.089 1±0.033 8
0.24%	79.51±0.50	87.44±0.34	10.54±0.70	79.12±0.57	2.015 7±0.023 9
0.26%	81.19±0.91	95.70±0.31	10.01±0.68	64.06±0.86	2.064 0±0.021 5
0.28%	84.67±0.58	90.70±0.17	12.12±0.52	77.81±0.57	2.231 6±0.023 6
0.30%	77.46±0.43	90.75±0.24	12.71±0.59	77.58±0.28	2.038 2±0.016 3

2.均匀设计实验结果

(1)指标模型建立　在单因素试验的基础上采用均匀设计方案$U_{10}(10^5)$进行试验,研究各因素与感官评分、溶解度、分散性、润湿性和水合能力之间的关系,如表8-13所示。对实验数据进行逐步回归分析,建立指标模型概况如表8-14所示。感官评分(Y_1)和润湿性(Y_4)在一次回归时方程模型达到极显著水平($p<0.01$),且相关系数较大,具有较好的拟合度,影响感官评分的主要因素为青麦仁粉粒度和柠檬酸钠添加量,同时,根据各因素标准回归系数的绝对值可知,柠檬酸钠添加量对感官评分的影响程度大于青麦仁粉粒度;影响润湿性的主要因素为青麦仁粉粒度和CMC-Na添加量,对润湿性影响的主次顺序为CMC-Na添加量>青麦仁粉粒度。溶解度(Y_2)、分散性(Y_3)、水合能力(Y_5)在一次回归时没有因素进入方程模型,在二次回归时,溶解度(Y_2)和分散性(Y_3)达到显著水平($p<0.05$),水合能力(Y_5)达到极显著水平($p<0.01$),且相关系数R均接近1,具有良好的拟合度,方程模型一次回归不显著,可能是由于溶解度、分散性以及水合能力主要受各因素之间的交互作用影响。

表8-13　均匀设计试验结果

实验号	感官评分Y_1	溶解度Y_2/%	分散性Y_3/s	润湿性Y_4/s	水合能力Y_5/(mL/g)
1	90.33±1.53	93.91±0.12	12.72±0.29	73.55±3.16	2.129 1±0.042 5
2	90.45±0.62	91.84±0.52	12.42±0.43	42.15±0.85	1.890 8±0.100 1
3	92.00±2.00	95.18±0.42	13.42±0.64	39.40±2.44	2.105 5±0.114 9
4	82.67±1.15	96.16±0.33	11.67±1.04	38.72±0.63	2.081 4±0.059 6
5	87.33±2.52	86.98±1.49	14.24±0.26	55.34±6.59	1.961 9±0.194 5
6	86.81±0.70	96.19±0.06	12.09±0.48	43.88±3.40	2.125 9±0.046 8
7	90.67±0.58	95.20±0.06	10.29±0.36	85.31±5.44	1.904 7±0.195 3
8	83.96±0.30	87.82±0.97	11.57±0.82	45.34±1.65	2.121 4±0.042 3
9	85.07±0.12	89.74±1.02	12.32±0.63	51.09±0.89	2.326 8±0.062 9
10	81.33±1.53	95.24±0.07	11.93±0.88	63.03±1.21	2.000 2±0.112 6

表 8-14　指标模型概况

指标	模型	相关系数	P 值
Y_1	$52.985+0.195X_2+59.738X_5$	0.916 5	0.001 6
Y_2	$190.529-2.209X_2+6.420X_3-1.120X_3^2+0.184X_2X_3+$ $0.980X_2X_4-12.455X_3X_4$	0.989 4	0.013 1
Y_3	$11.564+0.001X_1X_2-0.215X_2X_5-0.396X_3X_4$	0.911 2	0.010 0
Y_4	$-37.200+0.384X_2+82.544X_4$	0.884 0	0.004 9
Y_5	$0.037+17.395X_5+0.037X_3^2-2.407\ X_3X_5$	0.954 4	0.001 5

（2）主成分分析　如表 8-15 所示，通过主成分分析，根据累计贡献率大于 85% 的原则，提取 4 个主成分，累计贡献率达到 92.7186%，即提取的 4 个主成分可以解释全部指标 92.7186% 的信息，说明提取的 4 个主成分能够全面反映青麦仁代餐粉的冲调品质信息。由表 8-16 可知，根据指标的特征向量绝对值的大小可以得出，决定第 1 主成分大小的指标主要是润湿性以及分散性；决定第 2 主成分大小的指标主要是感官评分；决定第 3 主成分大小的指标主要是溶解度；决定第 4 主成分大小的指标主要是水合能力。

表 8-15　5 个主成分的特征值、贡献率及累计贡献率

主成分	特征值	贡献率/%	累计贡献率/%
1	1.736 6	34.731 5	34.731 5
2	1.324 2	26.484 7	61.216 2
3	0.872 2	17.443 9	78.660 1
4	0.702 9	14.058 5	92.718 6
5	0.364 1	7.281 4	100.000 0

表 8-16　5 个指标的特征向量

指标	主成分 1	主成分 2	主成分 3	主成分 4	主成分 5
Y_1	0.235 7	0.682 2	0.355 8	0.378 3	-0.457 4
Y_2	0.442 8	-0.280 7	0.756 9	-0.009 7	0.389 5
Y_3	-0.505 1	0.534 0	0.153 3	0.006 4	0.659 6
Y_4	0.551 2	0.108 4	-0.506 5	0.477 8	0.447 5
Y_5	-0.435 2	-0.398 6	0.143 5	0.792 8	-0.051 4

如表8-17所示,第7组实验产品综合得分最高,为1.0354;第8组实验产品综合得分最低,为-0.832 7。

表8-17 指标的主成分得分

实验号	主成分1	主成分2	主成分3	主成分4	主成分5	综合得分
1	0.608 9	0.675 2	0.043 7	1.324 5	0.536 9	0.623 3
2	0.190 8	1.227 1	0.314 9	-1.067 2	-0.693 4	0.245 7
3	-0.574 8	1.063 7	1.653 2	0.311 3	-0.059 9	0.409 9
4	-0.158 9	-1.522 1	0.721 0	-0.814 9	0.106 0	-0.439 4
5	-1.252 9	1.826 1	-1.119 9	-0.524 3	0.615 5	-0.175 7
6	-0.059 3	-0.659 6	1.064 7	0.035 3	-0.010 2	-0.005 3
7	3.101 7	0.192 7	-0.619 3	0.331 4	-0.432 1	1.035 4
8	-0.986 4	-0.744 4	-1.142 6	-0.216 4	-0.868 5	-0.832 7
9	-1.512 0	-0.911 7	-0.473 5	1.322 0	-0.246 8	-0.681 3
10	0.642 8	-1.147 1	-0.442 3	-0.701 5	1.052 6	-0.179 7

(3)指标综合得分模型的建立 通过岭回归分析建立综合得分模型,综合得分如式(8-4):

$$Y=-11.213\ 6+0.080\ 6Y_1+0.056\ 5Y_2+0.017\ 7Y_3+0.012\ 6Y_4-0.941\ 9Y_5 \qquad (8-4)$$

模型相关系数为0.991 7,拟合度较好,同时模型方差分析如表8-18所示,模型极显著($p<0.01$)。

表8-18 综合得分模型方差分析

方差来源	平方和	自由度	均方	F值	P值
回归	3.051 6	5	0.610 3	47.747 6	0.001 2
剩余	0.051 1	4	0.012 8		
总和	3.102 8	9	0.344 8		

(4)最佳工艺预测及验证 以综合得分为目标,采用最小偏二乘法建立回归模型,综合得分取最大值时,根据模型预测得到最佳工艺参数:青麦仁粉添加量61%,小米粉与燕麦粉添加量分别为18%、12%,青麦仁粉粒度125目,木糖醇添加量8.0%,CMC-Na添加量0.85%,柠檬酸钠添加量0.28%。将预测的最佳工艺参数代入表8-19中建立的各个指标模型中进行计算,得出代餐粉的各项考察指标的预测值,并将预测值代入式(8-4)中计算,得到预测的综合得分值;同时,按照预测的最佳工艺参数进行试验测定,计算实测值的综合得分,对比结果如表8-19所示,得到最佳工艺的综合得分均高于试验组中的最高

分(第7组)。

表8-19　最佳工艺验证试验

	感官评分 Y_1	溶解度 Y_2/%	分散性 Y_3/s	润湿性 Y_4/s	水合能力 Y_5/(mL/g)	综合得分
预测值	94.09	97.52	8.97	80.96	1.883 9	1.283 8
实测值	92.15	95.68	10.52	72.61	2.015 4	1.126 8

(三)结论

本研究综合考虑感官评分、溶解度、分散性、润湿性、水合能力指标,采用单因素和均匀设计相结合的方法对青麦仁复合代餐粉进行配方优化,并对实验数据进行多元统计分析,建立预测模型,得到最佳工艺:青麦仁粉添加量61%,小米粉与燕麦粉添加量分别为18%、12%,青麦仁粉粒度125目,木糖醇添加量8.0%,CMC-Na 添加量0.85%,柠檬酸钠添加量0.28%。最佳工艺条件下得到的产品指标分别为感官评分92.15,溶解度95.68%,分散性10.52 s,润湿性72.61 s,水合能力2.015 4 mL/g,综合得分1.126 8。所得产品冲调性能较好,本实验建立的指标模型预测能力较好,可用于代餐粉配方优化研究。

第九章　青麦仁饮品的制作工艺

第一节　青麦仁饮料的制作工艺

　　谷物饮料是以谷物为主要原料,通过酶降解和发酵工程等技术调制而成的饮料。随着人们生活水平地不断提高,对膳食合理性要求不断提高,谷物饮料的研发是一个大趋势。我们的传统饮食习俗是以食物性食品为主,其中谷物食品是中国传统膳食的主体,是人体能量的主要来源,也是最经济的能量食物,同时谷物还能提供多种营养及其他功能性成分,如蛋白质、氨基酸、维生素等。谷物饮料作为饮料大家族中的新品类,通过现代工艺,做成可饮用的产品,不仅能够充分保留谷物中对人体健康有益的营养成分,并且口感更好,饮用更方便,吸收更容易,是解决现代快节奏生活中城市居民膳食营养失衡的途径之一。谷物饮料的诞生,使得人们重新认识了谷物这一传统食品,彻底改变了谷物在人们心目中"老土"的形象。这种新型食品融入了更多的现代快节奏和时尚的元素,从而更易满足现代人对生活的营养需求和心理需求。

　　青麦仁是乳熟末期的小麦粒,色泽碧绿,口味独特,味道清新爽口。青麦仁含有丰富的淀粉、蛋白质、叶绿素、膳食纤维和α-淀粉酶、β-淀粉酶两种淀粉酶,具有帮助人体消化的功能,是塑型健身的最佳高营养的纯绿色食品。目前,虽然我国的谷物饮料取得了一定的发展,但关于青麦仁汁的相关开发研究还未见报道。青麦仁汁营养、健康,符合当下人们对纯天然绿色食品的追求。但由于青麦仁中淀粉含量较高,利用高淀粉质果实制作饮料工艺难度较大,易发生分层与沉淀现象,且经加工处理后饮料很难体现出原有果实的风味,通常制作高淀粉饮料的方法是将淀粉通过耐热的淀粉酶水解使淀粉转化成小分子物质,酶解反应可有效提高饮料的出汁率、澄清度和稳定性,增加青麦仁饮料中营养成分的消化吸收率。因此,本节介绍一款酶解法生产青麦仁饮料的加工方法,可以为青麦仁饮料的工业化生产提供理论参考。青麦仁饮料见图9-1。

图9-1　青麦仁饮料

一、主要原料

　　青麦仁,α-淀粉酶,水。

二、配方和工艺

青麦仁→挑选、清洗→沥水→打浆→过滤→糊化→酶解→均质→灭酶灭菌→冷却→成品

三、质量标准

1.感官质量要求

青麦仁饮料的感官评分标准见表9-1。

表9-1　青麦仁饮料的感官评分标准

评价指标	评分标准	评分
色泽	有良好的青麦色,色泽自然且均匀	20分
组织形态	青麦的固体物质含量适中,透明度较低,内容物分布均匀稳定	30分
适口性	入口细腻软滑,无颗粒感	30分
气味与滋味	有青麦仁特有的清香,甜度适中,无异味	20分

2.理化指标及卫生指标

青麦仁饮料理化指标参照《植物饮料》(GB/T 31326—2014),其卫生指标参照《食品安全国家标准　饮料生产卫生规范》(GB 12695—2016)。此外,测量饮料中可溶性糖含量、粗淀粉含量、氨基酸总量等以衡量其营养价值。

四、生产加工过程的技术要求

1.原料的选择与处理

选取籽粒饱满、大小均匀、果形端正、完整良好、新鲜洁净、果肉肥厚、甘甜可口、果实充分发育的青麦仁。

2.原料预处理

将挑选后的青麦仁反复清洗沥水,之后按1:8的比例与水混合打浆,将打浆后的浆料过60目筛滤除杂质。

3.糊化

在90 ℃的水浴锅中将得到的浆料糊化15 min,可抑制淀粉老化,改善饮料体系的稳定性。

4.酶解与均质

糊化后的浆料冷却至60 ℃时加入 α-淀粉酶0.3 g/100 g,在60 ℃的水浴锅中保持20 min进行酶解,然后均质。

5.灭酶并冷却

在水浴加热 100 ℃ 的条件下进行 10 min 的灭酶灭菌过程,降温至室温即可得到成品。

五、青麦仁饮料酶解前后营养成分变化规律的研究

(一)α-淀粉酶水解青麦仁

实验分 3 个过程[即未打浆的青麦仁果实(过程 1)、青麦仁饮料酶解前(过程 2)、青麦仁饮料 α-淀粉酶酶解后(过程 3)]测定其蛋白质、淀粉、可溶性糖、维生素 C、叶绿素、氨基酸总量等主要营养成分及对其抗氧化能力进行检测。

(二)指标测定

可溶性糖的测定采用蒽酮比色法,粗淀粉含量的测定采用旋光法,氨基酸总量的测定采用茚三酮比色法,叶绿素含量的测定采用分光光度法,维生素 C 含量的测定采用 2,6-二氯酚靛酚滴定法,蛋白质含量的测定采用自动凯式定氮法,抗氧化能力的测定采用自由基消除率测定的方法。

(1)羟自由基(·OH)清除率的测定　取 1 mL 0.75 mmol/L 邻二氮菲的无水乙醇溶液于试管中,依次加入 2 mL 0.15 mol/L 磷酸盐缓冲溶液(PBS,pH = 7.40)和 1 mL 蒸馏水,混匀;加入 1 mL 0.75 mmol/L FeSO$_4$·7H$_2$O 溶液,混匀,加入 1 mL 0.01% 的 H$_2$O$_2$,于 37 ℃水浴反应 60 min,在 536 nm 波长处测定吸光度 $A_损$,未损伤管以蒸馏水代替损伤管中 H$_2$O$_2$,同等操作条件下测吸光度 $A_未$,样品管分别以 3 种样品代替损伤管中的蒸馏水,同等操作条件下测吸光度 A,每个样品做 3 个平行取平均值,清除率计算见式(9-1)

$$消除率 = \frac{A - A_损}{A_未 - A_损} \times 100\% \tag{9-1}$$

(2)超氧阴离子自由基(O$_2^-$·)清除率的测定　在试管中加 4.5 mL 0.05 mol/L、pH = 8.2 的 Tris-HCl 缓冲液,分别加入待测样品 50 μL,空白组加入同体积的蒸馏水,再加入 25 μL 的 0.045 mol/L 邻苯三酚(以 0.01 mol/L 盐酸配制),振荡计时 3 min,加入50 μL 10% 抗坏血酸中止反应,立即于 325 nm 波长处测定吸光度,样品本身颜色有影响,用 50 μL样品加 4.5 mL 0.05 mol/L、pH = 8.2 的 Tris-HCl 缓冲液作为参比。清除自由基活力(scavenging activity,SA)计算见式(9-2)

$$SA = \frac{A_0 - A_s}{A_0} \times 100\% \tag{9-2}$$

式中　A_0——空白样品吸光度;

A_s——待测样品吸光度。

(3)DPPH 自由基清除率的测定　取待测样品各 2 mL,分别与 2×10^{-4} mol/L 的 DPPH 自由基无水乙醇溶液混合,摇匀后放置 30 min。以相对应的溶剂(2 mL 蒸馏水与 2 mL无水乙醇的混合溶液)为对照,分别测定上述溶液在 517 nm 波长处的吸光度 A_1。取待测样品各 2 mL,分别与 2 mL 蒸馏水混合均匀后,以蒸馏水为对照,分别测定各混合液

于波长 517 nm 波长处的吸光度 A_2。取 $2×10^{-4}$ mol/L 的 DPPH 自由基无水乙醇溶液 2 mL 与水混合均匀后,以相对应的溶剂(2 mL 蒸馏水与 2 mL 无水乙醇的混合溶液)为对照,测定上述溶液于 517 nm 波长处的吸光度 A_0,清除率(I)按式(9-3)计算

$$I = (1-\frac{A_1-A_2}{A_0})×100\% \qquad (9-3)$$

(三)结果与分析

1.酶解对青麦仁饮料加工过程中可溶性糖含量的变化

分别测定青麦仁原料、青麦仁饮料酶解前、青麦仁饮料酶解后 3 个过程中可溶性糖含量,如图 9-2 所示。从图中可以看出,可溶性糖含量的变化一直呈上升状态,青麦仁饮料酶解前比青麦仁原料增加了 2.10%,青麦仁饮料酶解后可溶性糖含量上升至 38.95%,比青麦仁原料可溶性糖含量增加了将近 30%。这说明青麦仁在酶解过程中,可溶性糖含量的变化是非常大的。青麦仁中,可溶性糖作为提供能量的主要营养成分,酶解过程是可溶性糖生成转化的过程。随着酶解的完全,可溶性糖的含量一直增加,这是因为淀粉在 α-淀粉酶的作用下被分解成二糖或单糖,从而提高青麦仁饮料的口感和透明度。也有可能是由于打浆,外力打破了淀粉的分子结构,而青麦仁饮料酶解前可溶性总糖含量呈微微上升的趋势。

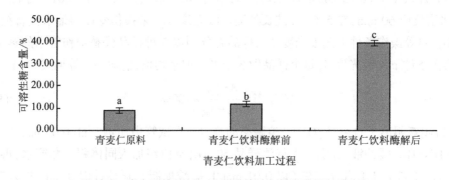

图9-2 青麦仁饮料加工中可溶性糖含量随酶解过程变化

2.酶解对青麦仁饮料加工过程中粗淀粉含量的变化

分别测定青麦仁原料、青麦仁饮料酶解前、青麦仁饮料酶解后三个过程中粗淀粉含量,如图 9-3 所示。从图中可以看出,粗淀粉含量一直呈下降状态,青麦仁饮料酶解前比青麦仁原料减少了 12.86%,青麦仁饮料酶解后粗淀粉含量下降至 17.55%,比青麦仁原料粗淀粉含量减少了将近 40%。这说明在青麦仁加工过程中,粗淀粉含量的变化是非常大的。青麦仁中,淀粉作为提供能量的主要营养成分,酶解过程是淀粉分解转化的过程。随着酶解的完全,粗淀粉的含量一直减少,这是因为淀粉在 α-淀粉酶的作用下被分解成二糖或单糖,从而提高青麦汁的抗老化,改善其稳定性等性能。也有可能是由于打浆,外力打破了淀粉的分子结构,而青麦仁饮料酶解前粗淀粉含量略微减少。

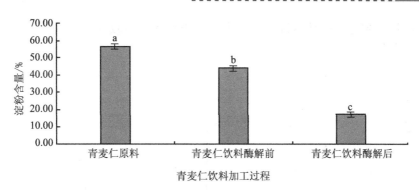

图9-3　青麦仁饮料加工中粗淀粉含量随酶解过程变化

3.酶解对青麦仁饮料加工过程中氨基酸含量的变化

分别测定青麦仁原料、青麦仁饮料酶解前、青麦仁饮料酶解后三个过程中氨基酸总含量,如图9-4所示。从图中可以看出,氨基酸含量的变化是先有所降低后又升高。相对于青麦仁原料,青麦仁饮料酶解前氨基酸含量下降了0.39 mg/g,出现这种现象可能是因为氨基酸与还原性糖发生了美拉德反应,使得氨基酸含量略微减少,青麦仁饮料酶解后氨基酸的含量又上升至4.00 mg/g,是青麦仁原料的1.83倍,这可能是因为蛋白质的部分水解。这说明在青麦仁酶解过程中,氨基酸含量的变化是非常大的。随着酶解的完全,氨基酸的含量一直增加,这是因为α-淀粉酶在酶解过程中也达到了部分蛋白质水解的条件而被分解成氨基酸或多肽,从而更有利于人体吸收。

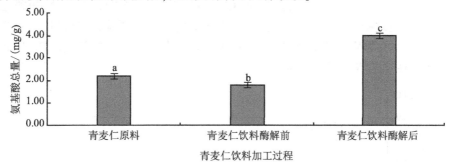

图9-4　青麦仁饮料加工中氨基酸总量随酶解过程变化图

4.酶解对青麦仁饮料加工过程中叶绿素含量的变化

分别测定青麦仁原料、青麦仁饮料酶解前、青麦仁饮料酶解后三个过程中叶绿素含量,如图9-5所示。从图中可以看出,叶绿素的含量变化呈下降状态。相对于青麦仁原料,青麦仁饮料酶解前叶绿素含量减少至20.02 μg/g,减少了14.67 μg/g,降低了42.3%。青麦仁饮料酶解后叶绿素含量减少至14.60 μg/g,比青麦仁原料中叶绿素含量降低了将近58%,比酶解前青麦仁饮料中叶绿素含量降低了约28%。这说明青麦仁在加工过程中,叶绿素的含量是有变化的,但变化相对不明显。叶绿素下降的原因可能是因为叶绿素酶的作用,Fiedor等曾报道叶绿素酶具有叶绿素合成作用和降解作用的双重功能,在储藏期间叶绿素酶的降解作用占主导。叶绿素酶催化叶绿素中植醇酯键水解而产生脱酯醇叶绿素,进而引起叶绿素的分解。也有可能是由于受到光和氧气作用,被光解为一系列小分子物质而褪色,从而使酶解青麦仁饮料中叶绿素含量减低。

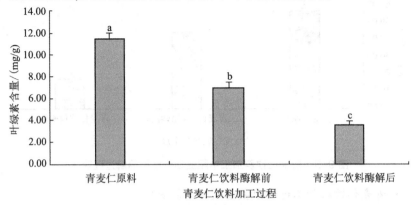

图9-5 青麦仁饮料加工中叶绿素含量随酶解过程变化

5.酶解对青麦仁饮料加工过程中维生素C含量的变化

分别测定青麦仁原料、青麦仁饮料酶解前、青麦仁饮料酶解后三个过程中维生素C的含量,如图9-6所示。从图中可以看出,维生素C的含量变化一直呈下降状态。相对于青麦仁原料,青麦仁饮料酶解前维生素C含量减少至6.9 μg/g,比青麦仁原料中减少了4.6 μg/g,降低了40%,青麦仁饮料酶解后维生素C含量减少至3.55 μg/g,比青麦仁原料中维生素C含量降低了将近69%。这说明青麦仁在酶解过程中,维生素C的含量是有变化的。青麦仁中,维生素C作为抗氧化、增强免疫力、抗衰老的营养成分,酶解过程是维生素C的损失过程。随着酶解的完全,维生素C的含量有所降低,这是因为维生素C在有氧、加热、碱性物质、光照、金属离子、氧化酶等因素存在时易被氧化破坏,从而使加酶青麦仁饮料中维生素C含量减低。

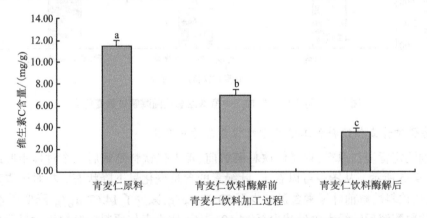

图9-6 青麦仁饮料加工中维生素C含量随酶解过程变化

6.酶解对青麦仁饮料加工过程中蛋白质含量的变化

分别测定青麦仁原料、青麦仁饮料酶解前、青麦仁饮料酶解后三个过程中蛋白质的含量,如图9-7所示。从图中可以看出,蛋白质的含量是先下降后略微上升。相对于青麦仁原料,青麦仁饮料酶解前蛋白质含量减少至3.71%,青麦仁饮料酶解后蛋白质含量比酶解前的青麦仁饮料增加了约15%。这说明青麦仁在加工过程中,蛋白质含量的变化很明显。在青麦仁中,蛋白质作为储存能源的营养成分,酶解过程是蛋白质分解合成相互转化的过程。随着青麦仁饮料加工的进行,蛋白质的含量先减少后略微增加,先减少可能是因为青麦仁在打浆中产生沉淀而被过滤掉了,也可能是因为蛋白在搅拌作用下变性,也有可能是由于呼吸作用增强,消耗了部分蛋白质,因而蛋白质含量呈下降趋势,后蛋白质含量略微增加可能是因为加入的淀粉酶使蛋白质略微增加。

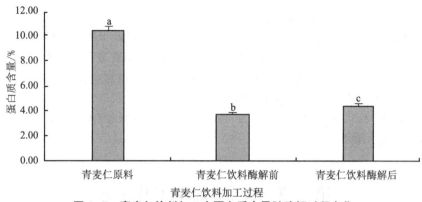

图9-7 青麦仁饮料加工中蛋白质含量随酶解过程变化

7.酶解对青麦仁饮料加工过程中抗氧化能力的变化

分别用羟基自由基、超氧阴离子自由基和DPPH自由基测定青麦仁原料、青麦仁饮料酶解前、青麦仁饮料酶解后三个过程中的抗氧化能力,如图9-8所示,在青麦仁饮料加工过程中3种抗氧化评价方法都呈上升的趋势,但3种抗氧化评价方法的评价结果是有一定差异的。在3种评价方法评价中,青麦仁饮料酶解后的抗氧化能力都是最高的,对·OH清除率为65%,对DPPH自由基清除率为73%,对O_2^-·清除率为53%。从图9-8中可以看出DPPH自由基法评价出的抗氧化能力比其他两种要高。DPPH自由基法被认为是一种简单、精确的测定果蔬汁的抗氧化性的方法,本实验也验证了这一点。在青麦仁饮料加工过程中3种抗氧化评价方法都呈上升的趋势估计是因为在酶解的作用下某些抗氧化活性成分升高,这有待下一步的深入研究。

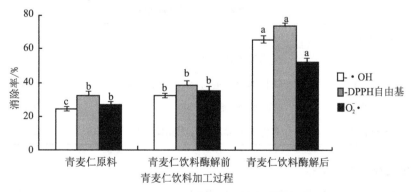

图9-8 青麦仁饮料加工中抗氧化能力变化

(四)结论

实验分析结果表明,酶解后青麦仁饮料中可溶性糖含量为 38.95%,高于青麦仁及青麦仁饮料酶解前,从而提高青麦仁饮料的口感和透明度。酶解后淀粉含量显著减少,说明 α-淀粉酶对淀粉的分解很彻底,从而提高饮料的出汁率、澄清度和稳定性,增加青麦仁饮料中营养成分的消化吸收率。氨基酸含量是先减少后增加,且酶解后氨基酸含量比青麦仁原料氨基酸含量高,从 2.19 mg/g 增加到 4.00 mg/g,增加了约 83%,从而提高氨基酸的种类和数量。酶解后青麦仁饮料中叶绿素含量为 10.54 μg/g,比酶解前青麦仁饮料低 5.42 μg/g,减少了约 27%。说明酶解对叶绿素产生了副作用。酶解后青麦仁饮料中维生素 C 含量 3.55 μg/g,比青麦仁原料中维生素 C 含量降低了将近 69%。说明酶解对维生素 C 也产生了一定的副作用。蛋白质含量是减少的,但青麦仁饮料酶解后蛋白质含量却比酶解前大,由 3.71% 增加到 4.37%,是由于蛋白质淀粉复合体在 α-淀粉酶水解作用下被打开,从而更有利于人体消化吸收。

青麦仁饮料具有一定的抗氧化能力,且酶解后高于酶解前,而且 DPPH 自由基法评价出的抗氧化能力最强。

第二节　青麦仁酒的制作工艺

一、主要原料

青麦酒糟,抗坏血酸,蔗糖,酸味剂。

二、配方和工艺

青麦仁酒糟→加水磨浆→过滤→调配→糊化→均质→灭菌→成品

三、质量标准

1.感官质量要求

青麦仁酒的感官评分标准见表 9-2。

表 9-2　青麦仁酒的感官评分标准

评价指标	评分标准	评分
色泽	呈均匀的乳白色,略有淡黄色	20分
组织形态	饮料均匀稳定,底部无沉淀现象	30分
适口性	口感柔顺,质地均匀	30分
气味与滋味	有青麦发酵风味且无其他异味	20分

2.理化指标及卫生指标

青麦仁酒理化指标参照《植物饮料》(GB/T 31326—2014),菌落总数参照《食品安全国家标准 食品微生物学检验 菌落总数测定》(GB 4789.2—2010)。其卫生指标参照《食

品安全国家标准 饮料生产卫生规范》(GB 12695—2016)。

四、生产加工过程的技术要求

1.原料预处理

将青麦酒糟按1:3的比例与水充分混合,并添加质量分数为0.72%的抗坏血酸作为护色剂和抗氧化剂。

2.磨浆

用浆渣分离机将青麦酒糟粗磨,此过程进行两次。再用胶体磨进行打浆,所得的浆料通过200目筛过滤后即可得青麦酒糟浆料。

3.调配

将青麦酒糟得浆料加热到70~75 ℃,持续搅拌并按比例缓缓加入蔗糖、增稠剂、乳化剂和酸味剂。

4.糊化并均质

用80 ℃水浴加热将调配之后得浆料加热10 min,使酒糟中的淀粉充分糊化,将内部的风味物质释放出来,之后进行均质过程。

5.灭菌

在水浴加热100 ℃的条件下进行10 min的灭酶灭菌过程,温度降至室温即可得到成品。

第三节　青麦仁猕猴桃复合保健饮料的制作工艺

青麦仁是乳熟末期的小麦粒,几乎保留了青麦中全部的绿色天然成分,色泽碧绿,口味独特。青麦仁含有丰富的蛋白质、膳食纤维和 α-淀粉酶和 β-淀粉酶,有助于消化、降低血糖。青麦仁含有的胶原蛋白能够延缓人体衰老。作为一种重要的新兴食品工业材料,青麦仁具有广阔的开发利用前景。

猕猴桃又名阳桃、茅梨,果肉呈草绿色,酸甜可口,清爽宜人。每100 g鲜果含维生素C100~420 mg,比柑橘高5~10倍,比苹果和梨高20~30倍,素有"维生素C之王"的美称,此外,还含有糖、钙、镁、铁、磷、有机酸以及多种氨基酸,被称为"水果金矿"。

近年来青麦仁和猕猴桃的营养价值与保健功能越来越受到人们的关注。本节通过单因素试验和正交试验介绍一种兼具二者保健功效的新型复合饮料。

一、主要原料

青麦仁,猕猴桃,α-淀粉酶(4 000 U/g),果胶酶,柠檬酸,抗坏血酸,柠檬酸亚锡二钠,黄原胶,CMC-Na。

二、工艺流程

青麦仁→浸泡→打浆→糊化→酶解→灭酶→离心→青麦仁乳 ⎤

猕猴桃→预处理→破碎→打浆→护色→酶解→离心→猕猴桃汁 ⎦ →混合调配

成品←检验←灭菌←均质←稳定性研究

三、质量标准

1.感官质量要求

青麦仁猕猴桃汁的感官评分标准见表9-3。

表9-3 青麦仁猕猴桃汁的感官评分标准

感官评分	得分
口感柔和滑爽,甜度适中,香味柔和、协调	10分
口感较好,甜度较适中,香味较柔和,稍浓或稍淡	7~9分
口味不正,甜度失调,气味过浓或过淡	3~6分
口感很差,有异味	2分以下

2.理化指标及卫生指标

理化指标参照《植物饮料》(GB/T 31326—2014)。

四、生产加工过程的技术要求

(1)青麦仁乳制备

1)浸泡 将冷冻保藏的青麦仁置于60 ℃水中浸泡1 h,至组织软化,浸泡时料水比1:5。

2)打浆 将浸泡至组织软化的青麦仁进行打浆,打浆至均一乳液,无明显颗粒,料水比1:6。

3)糊化 将制得的青麦仁乳于90 ℃恒温水浴锅中糊化20 min,糊化时加水量为原料质量的5倍。

4)酶解 糊化完毕后,冷却,加入α-淀粉酶,在一定温度和时间下进行酶解。

5)灭酶 将酶解后的青麦仁乳升温至95 ℃,加热5 min,使酶钝化。

6)离心 灭酶后的青麦仁乳在4 000 r/min离心10 min,装瓶待用。

(2)猕猴桃汁制备

1)预处理 挑选颜色鲜艳,八至九成熟的猕猴桃进行清洗,去皮。

2)打浆 将洗干净的猕猴桃破碎后与水按照1:1.5的比例进行打浆。

3)护色 向打浆后的猕猴桃汁中加入0.01%的抗坏血酸、0.02%的柠檬酸亚锡二钠进行护色。

4)酶处理 将果胶酶加入护色后的猕猴桃浆,在一定温度和时间下进行酶解。

5)灭酶 将酶解后的猕猴桃汁升温至95 ℃,加热5 min,使酶钝化。

6)离心　灭酶后的猕猴桃汁在 4 000 r/ min 离心 10 min,装瓶待用。

(3)复合饮料调配　以悬浮稳定性和感官评分作为评价指标,将青麦仁乳和猕猴桃汁按照一定比例混合,加入蔗糖、柠檬酸、复合稳定剂(黄原胶、果胶、CMC-Na)进行调配,以确定复合饮料的最佳配方。

(4)均质　将料液在 60 ℃、25 MPa 条件下进行二次均质处理。均质处理后立即脱气。

(5)灌装、灭菌　均质后的饮料采用容积为 100 mL 的玻璃瓶灌装后,立即在 110 ℃杀菌 30 min。

五、饮料风味的调配

按照上述工艺条件生产一批青麦仁乳和猕猴桃汁,以加水量、青麦仁乳与猕猴桃汁的比例、蔗糖添加量、柠檬酸添加量为因素,感官评分为指标采用 $L_{16}(3^4)$ 正交试验优化饮料风味调配的最佳工艺参数。

1.青麦仁乳酶解条件优化试验设计

以可溶性固形物含量为指标,分别对加酶量、酶解温度、酶解时间进行单因素试验,以确定各因素的影响效果。在单因素试验的基础上,采用 $L_9(3^4)$ 正交试验设计,以淀粉酶用量、酶解温度、酶解时间为因素,可溶性固形物含量为指标,优化酶解工艺参数。试验因素水平表如表 9-4 所示。

表 9-4　青麦仁乳酶解条件优化正交实验因素水平表

水平	因素		
	A 淀粉酶用量/%	B 酶解温度/℃	C 酶解时间/min
1	0.25	65	80
2	0.30	70	90
3	0.35	75	100

2. 猕猴桃汁酶解条件优化试验设计

以可溶性固形物含量和出汁率为指标,分别对加酶量、酶解温度、酶解时间进行单因素试验,以确定各因素的影响效果。在单因素试验的基础上,采用 $L_9(3^4)$ 正交实验设计,以果胶酶用量、酶解温度、酶解时间为因素,出汁率和可溶性固形物含量为指标,优化酶解工艺参数。试验因素水平表如表 9-5 所示。

表 9-5　猕猴桃汁酶解条件优化正交试验因素水平表

水平	因素		
	A 果胶酶用量/%	B 酶解温度/℃	C 酶解时间/min
1	0.15	1.5	45
2	0.20	2.0	50
3	0.25	2.5	55

3. 测定方法

水分测定采用烘箱干燥法；灰分测定采用干法灰化法；粗蛋白测定采用凯氏定氮法；总糖测定采用苯酚-硫酸法；粗脂肪测定采用索氏提取法；出汁率测定,出汁率(%)

$= \dfrac{\text{离心过滤后所得猕猴桃汁的质量}}{\text{酶解前猕猴桃浆的质量}} \times 100\%$；悬浮稳定性采用比色法,将浆液在

4 200 r/min离心10 min,将未离心的浆液以及所得上清液在波长660 nm处测 OD 值,分别记为 T_0、T_S,两者的相对比值 Trel $= T_S/T_0$ 表示饮料悬浮稳定性的大小,其值越大越稳定,空白为水；可溶性固形物含量测定采用阿贝折光仪法。

4. 感官评价方法

请10位经过专业训练的人员进行感官评定,评分标准如表9-3所示。

5. 结果与分析

(1)青麦仁的主要成分　由表9-6可知,青麦仁含水量和脂肪含量比一般的小麦仁要多出很多,灰分相差不大,而青麦仁的蛋白质含量比小麦仁要少很多,这主要是由于小麦仁和青麦仁的收获期不同所致。本研究未测定青麦仁中的淀粉和膳食纤维含量。

表9-6　复合饮料原料的基本组成

原料	水分/%	灰分/%	粗脂肪/%	粗蛋白/%	总糖/%	碳水化合物/%
青麦仁	46.62	1.45	2.52	5.15	6.24	—
小麦仁	14.0	1.0	1.1	11.3	—	72.6

(2)青麦仁乳酶解条件

1)加酶量的影响　在酶解温度60 ℃、酶解时间为1 h的条件下添加不同酶量,考察淀粉酶添加量对青麦仁乳酶解效果的影响。由图9-9可见,随着加酶量增大,可溶性固形物含量不断升高,当加酶量达到0.3%后,继续加大酶用量,可溶性固形物含量没有显著性差异($p \geq 0.05$),因此确定加酶量为0.3%。

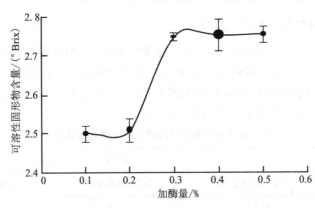

图9-9　加酶量对可溶性固形物含量的影响

2)酶解时间的影响　在加酶量0.30%、酶解温度60 ℃的条件下研究不同酶解时间对青麦仁乳酶解效果的影响。由图9-10可见,随着酶解时间延长,可溶性固形物含量逐渐升

高,当酶解到 1.5 h 后,继续延长酶解时间,可溶性固形物含量不再变化($p \geq 0.05$),所以确定酶解时间为 1.5 h。

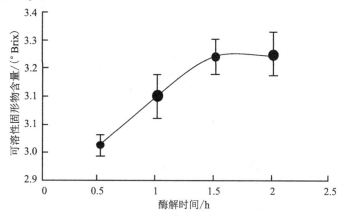

图 9-10　酶解时间对可溶性固形物含量的影响

3)酶解温度的影响　在淀粉酶添加量 0.30%、酶解时间 1.5 h 的条件下研究酶解温度对青麦仁乳酶解效果的影响。由图 9-11 可见,随着酶解温度上升,青麦仁乳的可溶性固形物含量也呈上升趋势,当酶解温度高于 70 ℃时,青麦仁乳的可溶性固形物含量不再增加($p \geq 0.05$)。这是因为随着酶解温度升高,分子运动加快,淀粉酶活性增强,故溶出物含量随之上升。当温度继续上升,达到或高于淀粉酶作用的最适温度,酶活就会逐渐下降,反应速度减小。因此确定淀粉酶酶解青麦仁乳的最佳温度为 70 ℃。

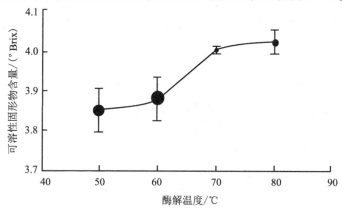

图 9-11　酶解温度对可溶性固形物含量的影响

4)正交实验确定最佳工艺参数　经青麦仁乳正交试验可知,对可溶性固形物含量影响最大的因素是酶解时间,其次是淀粉酶用量、酶解温度,最优条件为淀粉酶用量 0.30%、酶解温度 70 ℃、酶解时间 1.5 h。按此优化条件进行验证试验,测得酶解液的可溶性固形物含量为 4.12°Brix。

(3)猕猴桃汁酶解条件

1)酶解温度的影响　在加酶量 0.30%、酶解 2 h 条件下考察不同酶解温度对猕猴桃汁酶解效果的影响。由图 9-12 可见,随着酶解温度上升,果胶酶的活性增大,青麦仁乳的可溶性固形物含量和出汁率都呈上升趋势,当酶解温度为 50 ℃时基本达到最大值,此后随着温度的进一步上升,果胶酶的活性受到影响,可溶性固形物含量不再增加($p \geqslant 0.05$),出汁率略有下降,因此,确定酶解温度为 50 ℃。

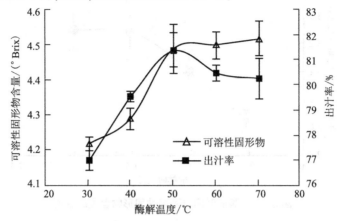

图 9-12　酶解温度对可溶性固形物含量和出汁率的影响

2) 加酶量的影响　在酶解温度 50 ℃、酶解时间 1 h 的条件下添加不同酶量,考察不同加酶量对猕猴桃汁酶解效果的影响。由图 9-13 可见,随着果胶酶量的增大,可溶性固形物含量和出汁率都不断升高,当加酶量为 0.2% 后继续加大果胶酶添加量,可溶性固形物含量和出汁率的增加趋势不明显($p \geqslant 0.05$)。这是由于果胶酶可以水解果胶质、纤维素和半纤维素等,随着酶用量增加,可溶性固形物溶出量增多,同时,果胶酶作用于果胶中 D-半乳糖醛酸残基之间的糖苷键,破坏果胶分子,软化果实组织,提高了果汁的可滤性并加快了过滤速度,从而提高出汁率。综合考虑以上因素,选择加酶量为 0.2%。

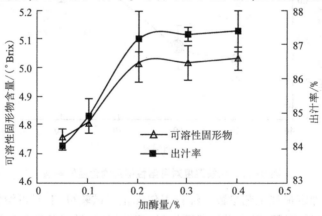

图 9-13　加酶量对可溶性固形物含量和出汁率的影响

3) 酶解时间的影响　在酶解温度 50 ℃、加酶量为 0.2% 条件下研究酶解时间对猕猴桃汁酶解效果的影响。由图 9-14 可见,随着酶解时间延长,猕猴桃汁的可溶性固形物含量和出汁率也随之增加,酶解 2 h 时果胶酶酶解程度最大,出汁率达到最大值,继续延长酶解时间,可溶性固形物的含量变化不大($p \geqslant 0.05$),出汁率下降($p < 0.05$),进一步延长酶解时间反而会增加成本,因此确定酶解时间为 2 h。

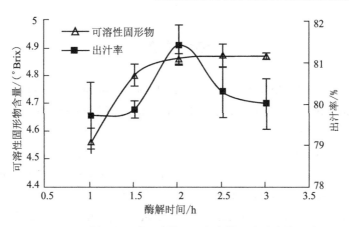

图9-14 酶解时间对可溶性固形物含量和出汁率的影响

4)正交试验确定最佳工艺参数 由猕猴桃汁酶解试验可知,各因素对综合指标影响最大的因素是酶解温度,其次是果胶酶用量、酶解时间,猕猴桃汁酶解的最佳方案为果胶酶用量为0.2%、酶解时间2 h、酶解温度50 ℃。根据正交试验确定的最佳条件进行验证试验,测得猕猴桃汁酶解液的出汁率为87.67%,可溶性固形物为5.80°Brix,综合指标为3.34。

(4)饮料风味的调配 除了具有酸甜适中的口感,复合饮料需要有浓郁的香味,并且猕猴桃和青麦仁的风味要和谐圆润,不能过于突出某种原料的风味。因此,对加水量、青麦仁乳与猕猴桃汁的比例、蔗糖添加量、柠檬酸添加量采用正交试验进行优化,可以看出,以溶液的悬浮稳定性为指标时最佳方案为青麦仁乳:猕猴桃汁 = 6:4、3倍加水量、蔗糖量8%、柠檬酸量0.12%;在此条件下做验证实验,测得饮料的悬浮稳定性为1.02,感官评分为8分;以感官评分为指标时最佳方案为以青麦仁乳:猕猴桃汁 = 6:4、1倍加水量、蔗糖量12%、柠檬酸量0.12%。在此条件下做验证试验,测得饮料的悬浮稳定性为2.72,感官评定为6分。综合考虑各方面因素,确定饮料的最佳风味配比为青麦仁乳:猕猴桃汁=6:4、3倍加水量、蔗糖量8%、柠檬酸量0.12%。

(5)饮料稳定性实验 在单因素和正交实验的基础上采用黄原胶0.07%、果胶0.5%、CMC-Na 0.45%作为复合稳定剂,在60 ℃、25 MPa下进行二次均质,110 ℃杀菌30 min,储存3个月无沉淀出现,说明其稳定性较好。

6.结论

通过单因素和正交试验,对青麦仁乳和猕猴桃汁的酶解工艺进行优化,确定了青麦仁乳的酶解条件为α-淀粉酶添加量0.30%、酶解温度70 ℃、酶解时间90 min,青麦仁乳的可溶性固形物含量为4.12°Brix;猕猴桃汁的酶解条件为果胶酶添加量0.2%、酶解温度50 ℃、酶解时间2 h,得到猕猴桃汁酶解液的出汁率为87.67%,可溶性固形物为5.80°Brix,综合指标为3.34。将得到的青麦仁乳和猕猴桃汁的酶解液按照6:4比例进行调配,并加入3倍水量、柠檬酸0.12%、蔗糖8%得到风味独特的复合饮料。随后采用黄原胶0.07%、果胶0.5%、CMC-Na 0.45% 作为复合稳定剂,在60 ℃、25 MPa下进行二次均质,110 ℃杀菌30 min,得到一种口感细腻、风味独特、营养丰富、稳定性较好的保健饮料,储存3个月无沉淀出现。

参考文献

［1］ALONSO R,ORUE E,ZABALZA M J, etal. Effect of extrusion cooking on structure and functional properties of pea and kidney bean proteins［J］. Journal of the Science of Food and Agriculture, 2000(80): 397-403.

［2］ MAN B T U, PRASADA RAO U J S. Influence of size distribution of proteins, thiol and disulfide content in whole wheat flour on rheological and chapati texture of Indian wheat varieties［J］. Food Chemistry, 2008, (110): 88-95.

［3］CASIRAGHI M C, PAGANI M A, ERBA D, et al. Quality and nutritional properties of pasta products enriched with immature wheat grain［J］. International Journal of Food Sciences and Nutrition, 2013, 64(5): 544-550.

［4］CASIRAGHI M C, ZANCHI R, CANZI E, et al. Prebiotic potential and gastrointestinal effects of immature wheat grain (IWG) biscuits［J］. Antonie van Leeuwenhoek, 2011, 99 (4):795-805.

［5］ CONWAY H F. Extrusion cooking of cereals and soybeans ［J］. Food product Development, 1999, 5(2):27-32.

［6］DANIELLE TANEYO S A A, RAFFAELLA Di SILVESTRO, GIOVANNI DINELLI, et al. Effect of sourdough fermentation and baking process severity on dietary fibre and phenolic compounds of immature wheat flour bread［J］ LWT- Food Science and Technology, 2017, 83:26-32.

［7］HASKARD C A, ECY L C. Hydrophobicity of bovine serum albumin and ovalbumin determined using uncharged (PRODAN) and anionic (ANS-) fluorescent probes［J］. Journal of Agricultural & Food Chemistry, 1998, 46 (7):2671-2677.

［8］KIM M J, KIM S S. Antioxidant and antiproliferative activities in immature and mature wheat kernels［J］Food Chemistry, 2016, 196(1):638-645.

［9］LIAO L, LIU T X, ZHAO M M, et al. Aggregation behavior of wheat gluten during carboxylic acid deamidation upon hydrothermal treatment［J］. Journal of Cereal Science, 2011, 54 (1):129-136.

［10］LINARES E, LARRE C, LEMESTE M, et al. Emulsifying and foaming properties of gluten hydrolysates with an increasing degree of hydrolysis: Role of soluble and insoluble fractions ［J］.Cereal Chemistry, 2000, 77(4): 414-420.

［11］LIU YU, XU MEIJUAN, WU HAO, et al. The compositional, physicochemical and functional properties of germinated mung bean flour and its addition on quality of wheat flour noodle ［J］.Journal of Food Science and Technology, 2018, 55(12): 5142 - 5152.

［12］MARIOTTI M, SINELLI N,CATENACCI F, et al. Retrogradation behaviour of milled and brown rice pastes during ageing［J］. Cereal Science, 2009, 49(2): 171-177.

［13］MILLS E N, HUANG L, NOELT R, et al. Formation of thermally induced aggregates of the soya globulin β-conglycinin[J]. Biochimicaet Biophysica Acta (BBA)-Protein Structure and Molecular Enzymology, 2001, 1547(2): 339-350.

[14]NISHA CHAUDHARY, PRIYA DANGI, BHUPENDAR SINGH KHATKAR. Assessment of molecular weight distribution of wheat gluten proteins for chapatti quality[J]. Food Chemistry, 2016, (199): 28-35.

[15]PEARCEEARCE K N, KINSELLA J E. Emulsifying properties of proteins: Evaluation of a turbidimetric technique[J]. J Agr Food Chem, 1978 (27): 716-723.

[16]WANG J, XIE A, ZHANG C, et al. Feature of air classification product in wheat milling: Physicochemical, rheological properties of filter flour[J]. Journal of Cereal Science, 2013, 57(3): 537-542.

[17]WANG XIANG-YU, GUO XIAO-NA, ZHU KE-XUE. Polymerization of wheat gluten and the changes of glutenin macropolymer (GMP) during the production of Chinese steamed bread[J]. Food Chemistry, 2016, (201): 275-283.

[18]FATEMEH A, MAHDI K, MOHAMMAD S. Antioxidantactivity of *Kelussia odoratissima* Mozaff. in model and food systems[J]. Food Chemistry, 2007, 105(1): 57-64.

[19]贾继伟.茯苓,枸杞保健面条的开发研制[D].合肥:合肥工业大学,2012.

[20]曹小燕,杨海涛.响应面法优化超声辅助提取荠菜多酚工艺及其抗氧活性研究[J].食品工业科技,2019,(2):223-228,232.

[21]陈亚非,蔡杰.低聚果糖与小麦纤维:复合膳食纤维调节肠道菌群作用的研究[J].食品工业科技,2005(06):167-169.

[22]董银卯,冯明珠,赵华,等.燕麦麸蛋白质等电点测定及其稀碱法提取工艺优化的研究[J].食品科技,2007,32(3):258-265.

[23]顿矛,刘建刚.苦荞与荞麦加工技术[M].石家庄:河北科学技术出版社,2013.

[24]葛毅强,孙爱东,倪元颖,等.脱脂麦胚蛋白的制取和理化及其功能特性的研究[J].中国粮油学报,2002,17(4):20-24.

[25]郭娜,姜绍通,李兴江,等.小麦麸皮蛋白质的提取及其氨基酸组分分析[J].合肥工业大学学报:自然科学版,2013,36(2):224-227.

[26]何梦影,张康逸,郭东旭,等.响应面优化捻转抗老化剂的复配工艺[J].现代食品科技,2018,34(1):195-202.

[27]何梦影,张康逸,杨帆,等.响应面法优化青麦仁的真空充氮烫漂护色工艺[J].核农学报,2017,31(8):1546-1555.

[28]季慧,纪艳青,孔宇,等.复合淀粉酶水解米粉的工艺优化[J].粮食与饲料工业,2015,(1):28-32,38.

[29]李涛.青稞蛋白质的提取及其特性研究[D].郑州:河南工业大学,2010.

[30]刘波,李凤林,宋江红.玉米汁乳饮料的研制[J].轻工科技,2008,(4):3-4.

[31]刘芳,许宙,陈茂龙,等.碱与热处理对大米蛋白质结构与功能性质的影响[J].食品与机械,2018,34(8):10-15.

[32]刘杰.青麦仁加工 让小麦轻松增值[J].科学种养,2014,(2):58-59.

[33]刘流,周小波. 酶解法检测淀粉糊化度的方法优化[J]. 现代食品,2018,(13):164-166.

[34]刘松涛. 谷物饮料:饮料发展的新机遇[J]. 中国食品添加剂,2009:77-79.

[35]朴金苗,都凤华,齐斌. 马铃薯分离蛋白的溶解性和乳化性研究[J]. 食品科学,2009,30(17):91-94.

[36]邵勤,于泽源,李兴国. 梨果汁加工中酶解工艺的研究[J]. 食品工业科技,2011,32(2):227-229.

[37]孙媛. 改良 Osborne 法分级分离四种小麦蛋白的研究[D]. 广州:华南理工大学,2015.

[38]王洪伟,武菁菁,阚建全. 青稞和小麦醇溶蛋白和谷蛋白结构性质的比较研究[J]. 食品科学,2016,37(3):43-48.

[39]王晓培,陈正行,李娟,等. 湿热处理对大米淀粉理化性质及其米线品质的影响[J]. 食品与机械,2017,(5):182-187,210.

[40]王艳玲. 米糠中四种蛋白的提取工艺及特性研究[D]. 哈尔滨:东北农业大学,2013.

[41]王振斌,王玺,马海乐,等. 芝麻饼粕蛋白质的理化和功能性质研究[J]. 中国粮油学报,2014,29(11):30-35.

[42]魏凤环,田景振,牛波. 超微粉碎技术[J]. 山东中医杂志,1999(12):29-30.

[43]温青玉,张康逸,杨帆,等. 小麦分离蛋白质理化性质及功能特性研究[J]. 河南农业科学,2018,47(5):149-154.

[44]吴素萍,田立强. 酶法制备玉米汁基料的研究[J]. 食品工业,2008,(6):26-29.

[45]吴文龙,杨志娟. 玉米汁饮料的加工工艺[J]. 食品工业科技,2001,(4):72-72.

[46]徐玉娟,肖更生,李升锋,等. 甜玉米汁酶解工艺条件的研究[J]. 广东农业科学,2006,(11):48-50.

[47]杨帆. 青麦仁加工、储藏中营养成分保持研究及加工生产线设计[D]. 郑州:河南工业大学,2016.

[48]杨洋,高航,李中柱. 酶解大米饮品的研制[J]. 现代农业科技,2014,(4):263-264.

[49]袁建,李大川,石嘉怿,等. 响应面法优化麦麸蛋白质和膳食纤维的提取工艺[J]. 食品科学,2011,32(10):25-30.

[50]张康逸,郭东旭,何梦影,等. 不同包装方式对捻转贮藏过程中品质变化的影响[J]. 食品工业科技,2018,39(7):286-291.

[51]张康逸,何梦影,郭东旭,等. 不同干燥工艺对捻转品质和挥发性风味成分的影响[J]. 食品工业科技,2018,39(2):75-85.

[52]孙月娥,王卫东,鹿岩岩,等. 青麦仁猕猴桃复合保健饮料的研制[J]. 食品工业科技,2014,35(7):207-211.

[53]王文婷,韩方凯,周洁. 青麦仁全粉无蔗糖面包的加工工艺研究[J]. 兰州文理学院学报:自然科学版,2020(2):33-38.

[54]王文婷. 青麦仁全粉无蔗糖曲奇饼干的研制[J]. 赤峰学院学报：自然科学版, 2019, 35(9):93-96.

[55]张康逸, 何梦影, 康志敏, 等.青麦仁代餐粉的配方优化[J].现代食品科技,2020,36(1):184-191.

[56]康志敏, 张康逸, 盛威, 等. 青麦仁面条工艺优化及品质研究[J]. 食品工业科技, 2017, 38(7):262-268.

[57]贺国亚, 张国治, 张康逸, 等.青麦仁粉添加量对面包品质的影响[J]. 河南工业大学学报：自然科学版, 2017, 38(001):45-49.

[58]宋范范, 张康逸, 杨妍, 等. 青麦仁预制菜肴加工工艺的研究[J]. 保鲜与加工, 2020,20(01):155-159.

[59]康志敏, 张康逸, 崔满满, 等.青麦仁粽子加工工艺及品质分析[J].食品科学, 2015(8):81-85.

[60]张康逸, 温青玉, 王继红, 等. 青麦仁种皮膳食纤维的提取及其抗氧化活性研究[J]. 河南农业科学, 2017, 46(12):139-143.

[61]张康逸, 康志敏, 马珊珊, 等.青麦糕加工工艺研究[J]. 河南农业科学, 2013, 42(10):149-152.

[62]张康逸, 何梦影, 杨帆, 等. 真空冷冻干燥条件对多谷物全粉品质影响的研究[J]. 现代食品科技, 2017, 33(7):163-171.

[63]张康逸, 屈凌波. 鲜食全谷物加工技术研究进展[J]. 粮食加工, 2015, 180(6): 1-5.